超临界 CO_2 流体萃取技术的应用

刘 娜 著

延吉・延边大学出版社

图书在版编目（CIP）数据

超临界 CO_2 流体萃取技术的应用 / 刘娜著. -- 延吉 :
延边大学出版社, 2024. 8. -- ISBN 978-7-230-06986-1

Ⅰ. O658. 2

中国国家版本馆 CIP 数据核字第 2024VQ3166 号

超临界 CO_2 流体萃取技术的应用

著　　者：刘　娜
责任编辑：李　宁
封面设计：侯　晗
出版发行：延边大学出版社
社　　址：吉林省延吉市公园路 977 号　　邮　　编：133002
网　　址：http://www. ydcbs. com　　E-mail：ydcbs@ ydcbs. com
电　　话：0433-2732435　　传　　真：0433-2732434
印　　刷：三河市嵩川印刷有限公司
开　　本：787mm×1092mm　1/16
印　　张：9. 25
字　　数：160 千字
版　　次：2024 年 8 月第 1 版
印　　次：2024 年 8 月第 1 次印刷
书　　号：ISBN 978-7-230-06986-1

定　　价：58. 00 元

PREFACE 前言

随着人们环保意识的增强及可持续发展观念的深入人心，开发“环境友好”的高新技术已受到世界各国政府和科学工作者的广泛重视。超临界流体萃取（Supercritical Fluid Extraction，SFE）技术，作为国际上最先进的物理萃取技术之一，其重要性日益凸显。该技术结合了传统的蒸馏和有机溶剂萃取，利用超临界 CO_2 优异的溶解性，实现基质与萃取物有效分离、提取和纯化。超临界 CO_2 具有类似气体的扩散系数、液体的溶解力，且表面张力为零，能迅速渗透到固体物质中，提取其精华，具有高效、不易氧化、纯天然、无化学污染等特点。

2020 年 9 月，习近平总书记在第七十五届联合国大会一般性辩论上郑重宣布：“中国将提高国家自主贡献力度，采取更加有力的政策和措施，二氧化碳排放力争于 2030 年前达到峰值，努力争取 2060 年前实现碳中和。”我们可以对 CO_2 进行综合利用，在降低其大气含量的同时，生产出高附加值产品。超临界 CO_2 流体萃取技术在此背景下，有望在不远的将来成为被广泛利用的萃取技术之一。

本书共 5 章，主要介绍超临界 CO_2 流体萃取技术的原理及其在食品行业、制药行业、化工行业的应用，以及超临界 CO_2 流体萃取技术与分离技术及色谱技术联用的应用，从而帮助读者全面认识和关注这项迅速发展的超临界流体技术。

第 1 章为超临界流体萃取技术概述，介绍超临界流体的定义、性质和应用原理，超临界流体萃取的定义、基本原理和工艺流程，夹带剂的作用及原理，超临界流体萃取的影响因素，超临界流体萃取技术的发展史，超临界 CO_2 流体萃取技术的应用，以及超临界流体萃取技术的局限性与发展前景。

第 2 章为超临界 CO_2 流体萃取技术在食品行业中的应用，介绍超临界 CO_2 流体萃取技术在植物油脂提取、天然植物色素提取、啤酒花提取及咖啡因提取等方面的应用。

第 3 章为超临界 CO_2 流体萃取技术在制药行业中的应用，介绍超临界 CO_2 流体萃取技术在中药有效成分提取、药物制剂制备及手性化合物拆分等方面的应用。

第 4 章为超临界 CO_2 流体萃取技术在化工行业中的应用，介绍超临界 CO_2 流体萃取技术在植物天然香料提取、石油炼制领域、环保领域、烟草脱除烟碱领域、农药残留分析等方面的应用。

第 5 章为超临界 CO_2 流体萃取技术与其他技术联用，介绍超临界 CO_2 流体萃取技术与超声波辅助萃取、分子蒸馏、色谱等技术联用的方法及应用。

本书旨在为读者提供全面、深入的超临界流体萃取技术方面的知识，适合化工、食品、制药、轻工、环境保护等领域的科技工作者和管理人员，以及相关大专院校的师生阅读。由于笔者水平有限，书中难免存在不足之处，敬请广大读者不吝指正。

刘　娜

2024 年 6 月 16 日

CONTENTS

目　录

第1章　超临界流体萃取技术概述

1.1　超临界流体简介

1.1.1　超临界流体的定义

任何一种物质都存在三种相态，即气相、液相、固相。三相呈平衡状态共存的点称为三相点。液相、气相呈平衡状态的点称为临界点。临界点的温度和压力分别称为临界温度和临界压力。人们将物质的压力和温度同时超过其临界压力和临界温度的状态称为该物质的超临界状态。当物质处于超临界状态时，气相、液相的性质非常接近，气液界面消失，体系性质均一，既不是气体也不是液体，而是呈现为流体状态，因此被称为超临界流体。

超临界状态的流体是一种特殊的流体，在临界点附近，具有很高的可压缩性。由于适当增加压力，可使它的密度接近一般液体的密度，因此它具有很好的溶解性能，如超临界水可以溶解正烷烃。另外，超临界状态的黏度只有一般液体的$\frac{1}{12}$ ~ $\frac{1}{4}$，但它的扩散系数比一般液体大7 ~ 24倍，近似于气体。纯物质都具有超临界状态。

1.1.2　超临界流体的性质

超临界流体的性质主要包括以下几点：

（1）密度类似于液体，因此溶剂化能力很强，微小的压力和温度变化可导致其密度发生显著变化。

（2）黏度接近于气体，具有良好的传热性和流动性。

（3）扩散系数比气体小，但比液体高 1 ~2 个数量级。

（4）介电常数、极化率和分子行为与气相及液相均有明显的差别。

（5）压力和温度的变化均可改变相态。

1.1.3 超临界流体的应用原理

超临界流体的溶解能力在临界点附近（即适宜的操作区域），改变温度或压力都会明显地改变超临界流体的密度，进而改变其溶解度。

在高压条件下，使超临界流体与物料接触，物料中的成分（即溶质）会溶于超临界流体中，从而实现萃取。利用升温或降压（或两者兼用）的手段，可以将超临界流体中所溶解的物质分离析出，从而达到分离提纯的目的。这个过程兼具精馏和萃取两种作用。

如果物料中的有效成分（即溶质）不止一种，那么可以通过逐级降压的方式，将多种溶质分步析出。在分离过程中没有相变且能耗较低。

1.2 超临界流体萃取简介

1.2.1 超临界流体萃取的定义

超临界流体萃取，简称超临界萃取，是一种将超临界流体作为萃取剂，把一种成分（萃取物）从混合物（基质）中分离出来的技术。CO_2 是最常用的超临界流体。

1.2.2 超临界流体萃取的基本原理

超临界流体萃取是国际上非常先进的物理萃取技术。超临界流体不仅具有类似于气体的较强穿透力，以及类似于液体的较大密度和溶解度，还具有良好的溶剂特性，可作为溶剂进行萃取、分离单体。

超临界流体萃取是现代化工分离中出现的高新技术，被认为是综合了传统的蒸馏和液-液萃取两个单元操作优点的独特分离工艺。在超临界萃取剂中，非极性的 CO_2 是使用最广泛的萃取剂，这主要是由它几个优异的特性决定的：

（1）CO_2 的临界温度接近室温（31.1 ℃），该温度适合分离热敏性物质，可防止热敏性物质的氧化和降解，使沸点高、挥发度低、易热解的物质在远低于其沸点的温度下萃取出来。

（2）CO_2 的临界压力为 7.38 MPa，在目前的工业水平下，其超临界状态一般易于达到。

（3）CO_2 具有无毒、无味、不燃、不腐蚀、价格便宜、易于精制、易于回收等优点，而超临界 CO_2（SC-CO_2）流体萃取无溶剂残留，属于环境无害工艺，所以广泛用于对药物和食品等天然产品的提取与纯化等。

（4）超临界 CO_2 具有抗氧化灭菌作用，有利于保证和提高天然产品质量。

利用超临界 CO_2 优良的溶剂力，可以将基质与萃取物有效分离和纯化。超临界流体萃取技术使用超临界 CO_2 对物料进行萃取。

超临界流体萃取分离技术就是利用超临界流体的溶解能力与其密度的密切关系，通过改变压力或温度大幅改变超临界流体的密度。在超临界状态下，使超临界流体与待分离的物质接触，可以有选择性地把极性、沸点和相对分子质量不同的成分萃取出来。

1.2.3　超临界流体萃取的工艺流程

最基本的超临界流体萃取的工艺一般如下：首先，使用升压装置（泵或压缩机）使溶剂达到超临界状态，超临界流体随后进入萃取器与里面的原料（固体或液体混合物）接触进行超临界流体萃取。溶解于超临界流体的萃取物随流体离开萃取器后，通过降压阀进行节流膨胀以降低超临界流体的密度，从而使萃取物与溶剂在分离器内分离。其次，溶剂通过泵或压缩机加压至超临界状态，并重复上述萃取—分离步骤，流体循环直到达到预定的萃取率。在此过程中，换热器主要用于确保所需流体的温度。

根据分离条件，可以将超临界流体萃取的工艺设计分为等温变压法、等压变温法和吸附法三种基本类型。超临界流体萃取的工艺流程主要分为两部分：①在超临界状态下，溶剂气体与原料接触进行萃取，获得萃取相；②对萃取相进行分离，脱除溶质，再生溶剂。

1. 等温变压法

等温变压法通过调整压力来引起超临界流体密度的变化，从而使组分从超临界流体中分离析出。萃取剂经压缩达到最大溶解能力的状态点（即超临界状态），随后被加入萃取器中与物料接触进行萃取。当萃取了溶质的超临界流体通过膨胀阀进入分离槽后，压力下降，超临界流体的密度也下降，对其中溶质的溶解度也随之下降。溶质析出并在槽底部收集取出。

2. 等压变温法

在等压变温法的流程中，超临界流体的压力保持不变，利用温度的变化来影响超临界流体对溶质溶解度的变化，从而实现溶质与超临界流体的分离。萃取剂经过降温升压后可达到超临界状态，随后被送入萃取槽中与物料接触进行萃取。萃取了溶质的超临界流体经加热器升温后，在分离槽析出溶质。作为萃取剂的气体经冷却器等降温升压后，被送回萃取槽循环使用。

3. 吸附法

吸附法是将萃取了溶质的超临界流体通过吸附分离器进行分离。这种吸附分离器中装有特定的吸附剂，该吸附剂只吸附溶质而不吸附萃取剂（即超临界流体）。当萃取了溶质的超临界流体通过吸附分离器后，溶质便与萃取剂（超临界流体）实现分离。萃取剂经过压缩后循环使用。

1.3 使用夹带剂的超临界 CO_2 流体萃取

1.3.1 夹带剂概述

在超临界状态下，CO_2 溶解能力具有选择性。SFE-CO_2 对低分子、低极性、亲脂性、低沸点的成分，如挥发油、烃、酯、内酯、醚、环氧化合物等，表现出优异的溶解性，特别适合用于提取天然植物与果实中的香气成分。然而，对于具有极性基团（如-OH，-COOH 等）的化合物，极性基团越多，就越难萃取，因此，多元醇、多元酸及多羟基的芳香物质均难以溶于超临界 CO_2。同样，对于分子量高的化合物，分子量越高，越难萃取，分子量超过 500 的高分子化合物几乎不溶于超临界 CO_2。

由于非极性的 CO_2 只能有效萃取分子量较低的非极性亲脂性物质，且选择性不高，因此萃取物常常是混合物。当使用 CO_2 萃取极性溶质时，由于溶解度太小，一次萃取量很低。单纯地大幅度提高压力和改变温度等并不能达到明显提高 CO_2 溶解功能的目的。

为了提高单一组分的超临界溶剂对溶质的萃取能力，可依据萃取溶质的不同，适当地加入非极性或极性溶剂作为共同试剂，即夹带剂（entrainer，又称改性剂，modifier），这是拓宽超临界流体萃取技术应用范围的有效途径。一般来说，具有良好溶解性能的溶剂，也往往是优质的夹带剂，如甲醇、乙醇、丙酮、乙酸乙酯等。

1.3.2　夹带剂的作用及原理

夹带剂的作用主要体现在两个方面：一是能显著提高被分离组分在超临界流体中的溶解度；二是在加入与溶质起特定作用的适宜夹带剂时，可使该溶质的选择性（或分离因子）大大提高。夹带剂可分为两类：一类是混溶的超临界溶剂，其中含量较少的被视为夹带剂；另一类是将亚临界态的有机溶剂加入纯超临界流体中。由于加入量不同，它们可能形成单一相混溶态的超临界混合流体，也可能形成由超临界流体夹带部分液相的两相的混合溶剂，但一般不希望是后一种情况。

CO_2 是非极性物质，单纯的超临界 CO_2 只能萃取极性较低的亲脂性物质及低分子量的脂肪烃，如醇、醚、醛及内酯等物质。对于极性较大的亲水性分子，金属离子及相对分子量较大的物质，其萃取效果不够理想。1989 年，于恩平等介绍了在超临界 CO_2 流体萃取过程中使用夹带剂的方法，即萃取时加入合适的夹带剂，如乙醇、甲醇、丙酮等，不仅维持和改善了萃取选择性，还提高了难挥发性溶质和极性溶质的溶解度。使用夹带剂可以增强超临界 CO_2 的溶解力和选择性。

夹带剂对溶质在超临界 CO_2 中的溶解度和选择性的影响主要体现在两个方

面：一是 CO_2 的密度，二是溶质与夹带剂分子间的相互作用。一般来说，夹带剂在使用中用量较少，对 CO_2 的密度影响不大，甚至还会降低超临界 CO_2 的密度。影响溶解度和选择性的决定性因素是夹带剂与溶质分子间的范德华力或夹带剂与溶质之间特定分子间的作用，如氢键及其他各种作用力。例如，在超临界 CO_2 中萃取重金属时，由于重金属离子带有正电荷，具有很强的极性，因此重金属离子与超临界 CO_2 之间的范德华力很弱，难以直接萃取。一般采取的方法是选择带有负电荷的夹带剂（此处也称金属配合剂），以中和金属离子的正电荷。由于配合衍生效应，生成的中性配合物的极性大大降低，再结合另一种极性夹带剂，可以显著增强其在超临界 CO_2 中的溶解度，从而进行萃取。另外，在溶剂的临界点附近，溶质溶解度对温度、压力的变化最为敏感。在加入夹带剂后，超临界流体萃取技术能使混合溶剂的临界点相应改变，更接近萃取温度，从而增强溶质溶解度对温度、压力的敏感程度，这使得被分离组分在操作压力不变的情况下，通过适当升温即可使溶解度大大降低，从循环气体中分离出来，避免气体再次压缩的高能耗。

夹带剂在超临界 CO_2 微乳液萃取技术中也起着非常重要的作用。超临界 CO_2 微乳液是由合适的表面活性剂溶解于超临界 CO_2 形成的。由于超临界 CO_2 对大多数表面活性剂的溶解力有限，因此超临界 CO_2 微乳液的形成比较困难。加入夹带剂（多为含 3 ~6 个碳原子的醇）不仅可以增加表面活性剂在超临界 CO_2 中的溶解度，还可以将其作为助表面活性剂，这有利于超临界 CO_2 微乳液的形成。超临界 CO_2 微乳液萃取技术在生物活性物质和金属离子萃取方面取得了很大的成就，具有非常广阔的发展前景。

1.3.3 夹带剂的选择

夹带剂的选择是一个比较复杂的过程。在萃取阶段，夹带剂需要与溶质相互作用以改善溶质的溶解度和选择性；在溶剂分离阶段，夹带剂与超临界溶剂应能较易分离，同时夹带剂与目标产物也应容易分离。另外，在食品及医药工业中还应考虑夹带剂的毒性等问题，以确保夹带剂不会对原料和产品造成污染。夹带剂的选择主要涉及以下几个方面：

（1）充分了解被萃取物的性质及所处环境，包括被萃取物的分子结构、分子极性、分子量、分子体积和化学活性等。同时，了解被萃取物所处环境可以指导夹带剂的选择。例如，DHA 分布在低极性的甘油酯、中极性的半乳糖酯和极性很大的磷脂中，且主要存在于极性脂质中，所以要提取其中的 DHA 必须先提取出各种极性的脂质成分，进而确定合适的夹带剂。

（2）结合夹带剂的性质（分子极性、分子结构、分子量、分子体积）和被萃取物的性质及所处环境进行夹带剂的预选。对酸、醇、酚、酯等被萃取物，可以选用含-OH、C=O 基团的夹带剂；对于极性较大的被萃取物，可以选用极性较大的夹带剂。

（3）实验验证。确定因素有夹带剂的夹带增大效应（以纯 CO_2 萃取为参照）和夹带剂的选择性，统称为夹带剂的夹带效应。臧志清等在超临界 CO_2 流体萃取红辣椒夹带剂的筛选研究中对此进行了详细的介绍。

对于夹带剂的选择，还有必要掌握涉及萃取条件的相变化、相平衡情况。然而，这方面的实验测定比较困难，相关文献资料也较少。此外，夹带剂在改善超临界 CO_2 的溶解性的同时，不仅会削弱萃取系统的捕获作用，导致共萃物的增加，还可能会干扰分析测定，因此应减少夹带剂的用量。

超临界 CO_2 流体萃取技术已广泛应用于生物、医药、食品等领域，因此夹带剂在这些领域中应用还需要满足廉价、安全、符合食品卫生标准等要求。

1.3.4　夹带剂的发展方向和超临界 CO_2 流体萃取的应用优势

夹带剂的引入虽然拓宽了超临界 CO_2 流体萃取技术的应用范围，但同时带来了两方面的负面影响：一是夹带剂的使用，增加了从萃取物中分离回收夹带剂的难度；二是夹带剂的使用会导致一些萃取物中残留夹带剂，从而失去了超临界 CO_2 流体萃取无溶剂残留的优点。在工业上，这也增加了设计、研制和运行工艺方面的难度。针对这些问题，有必要进一步进行研究。如果萃取物和萃取体系有所不同，那么夹带剂的种类、用量和作用就会有所不同。因此，开发新型、容易与产物分离、无害的夹带剂，并研究其作用机制，是今后研究的方向之一。

超临界流体萃取作为常规分离方法的替代方法，具有潜在的应用前景。超临

界 CO_2 流体萃取的优势主要包括以下几点：

（1）超临界 CO_2 流体萃取可以在接近室温（35～40 ℃）的环境中进行，有效地防止热敏性物质的氧化和逸散。因此，可以在萃取物中保持药用植物的有效成分，并且能把沸点高、挥发性低、易热解的物质在远低于其沸点温度下萃取出来。

（2）超临界流体萃取是最干净的提取方法，由于全过程不使用有机溶剂，因此萃取物绝无溶剂残留，从而避免了提取过程中对人体有害物的存在和对环境的污染，保证了100%的纯天然性。

（3）萃取和分离过程合二为一，当饱和的溶解物的 CO_2 流体进入分离器时，由于压力的下降或温度的变化，CO_2 会与萃取物迅速成为两相（气液分离）而立即分开，不仅萃取效率高而且能耗较少，能提高生产效率并降低费用成本。

（4）CO_2 是一种不活泼的气体，在萃取过程中不发生化学反应，且属于不燃性气体，无味、无毒、安全性非常好。

（5）CO_2 气体价格便宜，纯度高，容易制取，且在生产中可以循环使用，从而有效降低了成本。

（6）压力和温度都可以成为调节萃取过程的参数，既可以通过同时改变温度和压力达到萃取的目的，也可以通过固定压力改变温度或固定温度降低压力来分离物质，因此工艺简单且容易掌握，萃取速度快。

超临界 CO_2 流体萃取技术也存在一些不足。例如，由于 CO_2 具有非极性和低分子量的特点，因此超临界 CO_2 流体萃取只适合代替传统有机溶剂提取法和水蒸气蒸馏法萃取脂溶性成分（如油脂类、挥发油等）。对于采用浓醇提取的生物碱、内酯、黄酮等物质，需要加入一定比例的夹带剂或在很高的压力下进行萃取，给工艺带来了一定的难度。对于许多强极性和高分子量的物质（多糖类、皂苷类、蛋白质），采用超临界 CO_2 流体萃取技术难以进行有效提取，必须与其他方法结合使用。

此外，超临界 CO_2 流体萃取装置在更换产品时清洗比较困难，萃取产物的收集必须在无菌箱中进行，存在装卸料的连续化问题及设备一次性投资较大的问题。

1.3.5 超临界流体萃取装置规模

超临界流体萃取装置设计的总体要求如下：

（1）工作条件安全可靠，能经受频繁开、关盖（萃取釜）的操作，抗疲劳性能好。

（2）一般要求一个人操作，在 10 min 内就能完成萃取釜全膛的开启和关闭一个周期，且密封性能好。

（3）结构应简单，便于制造，能长期连续使用（即能实现三班运转）。

（4）需要设置安全联锁装置。高压泵有多种规格可供选择，其中三柱塞高压泵能较好地满足超临界 CO_2 流体萃取产业化的要求。超临界 CO_2 流体萃取装置以中小型较为实际。大型装置（如单釜大于 1 000 L 规模）不宜盲目购买。每套装置配置 2 ~ 3 个萃取釜效率会高一些。日本拥有超临界 CO_2 流体萃取装置的几家公司，大部分采用的是中小型装置，仅有一家采用的是容积大于 1 000 L 的。

总体上讲，超临界流体萃取的主要设备包括高压萃取器、分离器、换热器、高压泵（压缩机）、储罐，以及连接这些设备的管道、阀门和接头等。此外，为了满足控制和测量的需要，还需要配备数据采集、处理和控制系统。

1.4 超临界流体萃取的影响因素

1.4.1 萃取压力

萃取压力是超临界流体萃取最重要的影响因素之一。当萃取温度一定时，随着压力的增大，流体密度增大，溶剂强度增强，溶剂的溶解度也随之增大。不同物质的萃取压力有很大的不同。

1.4.2 萃取温度

温度对超临界流体溶解能力的影响比较复杂。在一定的压力下，升高温度会增加被萃取物的挥发性，从而增加被萃取物在超临界气相中的浓度，使萃取量增大。另外，随着温度的升高，超临界流体的密度会降低，化学组分的溶解度会减小，萃取率就会随之降低。因此，在选择萃取温度时需要综合考虑这两个因素。

1.4.3 萃取颗粒大小

粒度大小会影响萃取率，减小样品粒度可增大固体与溶剂的接触面积，从而提高萃取速度。然而，如果粒度过小、过细，不仅会严重堵塞筛孔，还会造成萃取器出口过滤网的堵塞。

1.4.4 CO_2 的流量变化

CO_2 的流量变化对超临界流体萃取有两方面的影响。一方面，过大的 CO_2 流量会导致萃取器内 CO_2 流速增加，缩短 CO_2 的停留时间，缩短与被萃取物的接触时间，不利于提高萃取率。另一方面，增加 CO_2 的流量可以增加萃取过程的传质推动力，相应地增加传质系数，使传质速率加快，从而提高超临界流体萃取的萃取能力。因此，合理选择 CO_2 的流量在超临界流体萃取中至关重要。

1.4.5 夹带剂的选择

极性较大的溶质在超临界 CO_2 中溶解性较差，超临界流体萃取很难萃取出来。但若加入一定量的夹带剂，就可以改变溶剂的活性，在一定条件下，这些溶质就能够被萃取出来，并且萃取条件会更低，萃取率会更高。常用的夹带剂有甲醇、氯仿等。夹带剂的种类应根据萃取组分的性质来选择，加入的量一般通过实验来确定。

1.5 超临界流体萃取技术的发展史

从 20 世纪 50 年代开始，超临界流体萃取技术就进入实验阶段，如用于从石油中脱沥青等工艺。20 世纪 70 年代末，超临界流体萃取技术在食品行业中的应用日益广泛，其中从啤酒花中提取啤酒花油的技术已经形成了生产规模。自

20 世纪 80 年代以来，超临界流体萃取技术广泛应用于香精和香辛料风味成分的提取，如从玫瑰花、米兰花、菊花中提取天然花香剂，从薄荷、胡椒中提取香辛料，以及对绿茶、红茶进行全成分提取等。

超临界流体具有溶解其他物质的特殊能力。1822 年，Cagniard 首次发表了关于物质的临界现象的研究。1879 年，Hannay 和 Hogarth 发现了氯化钴、碘化钾、溴化钾等无机盐类能在超临界乙醇中溶解的现象，减压后又能立刻结晶析出。1905 年，Buchner 首先研究了萘在超临界 CO_2 中的溶解。之后，人们研究了蒽、菲、樟脑、苯甲酸等挥发性有机物在超临界 CO_2、甲烷、乙烷、乙烯、三氯甲烷等中的溶解现象。

20 世纪 30 年代，Pilat 和 Gadlewicz 提出了使用液化气体提取大分子化合物的构想。1955 年，Todd 和 Eling 提出将超临界流体用于分离的理论，同时出现了一系列相关专利。

20 世纪 50 年代，很多国家开始研究使用超临界丙烷去除重油中的柏油精及金属（如镍、钒等），以降低后段炼解过程中触媒中毒的失活程度，但由于涉及成本考量，这些技术并未全面实用化。1954 年，Zosol 运用实验证实了超临界 CO_2 流体萃取可以萃取油料中的油脂。之后，运用超临界流体进行分离的方法沉寂了一段时间。

20 世纪 70 年代的能源危机，使节能成为热点，无相变的超临界流体萃取技术迅速发展起来。人们期待使用超临界流体萃取分离醇和水的混合物，以替代高能耗的精馏技术。20 世纪 70 年代后期，Stahl 等首先在高压实验装置的研究上取得了突破性进展，随后“超临界 CO_2 萃取”的提取、分离技术的研究及应用开始有了实质性进展。特别是在 1973 年和 1978 年的第一次和第二次能源危机后，超临界 CO_2 的特殊溶解能力重新受到工业界的重视。1978 年之后，欧洲陆续建立了以超临界 CO_2 作为萃取剂的萃取提纯技术，用于处理食品工厂中数以千万吨计的产品。例如，以超临界 CO_2 作为萃取剂去除咖啡豆中的咖啡因，以及从苦味花中萃取可放在啤酒内的啤酒香气成分。

1978 年，德国建成了超临界流体萃取咖啡因的工业化装置。1979 年，美国的 Kerr-McGee 开发了超临界流体处理渣油的工业化装置。1982 年，德国建成了年处理达 5 000 吨的超临界 CO_2 流体萃取啤酒花油的大型装置。我国在 20 世纪

80 年代开始研究超临界流体萃取技术，并在“八五”期间进行产业攻关。1994 年，广州南方面粉厂从德国伍德公司进口了一套萃取器容量为 300 L 的超临界流体萃取装置，用于生产小麦胚芽油。目前，最大的生产装置中，萃取器容量已达到 1 500 L。人们在化学反应、分离提纯等领域对超临界流体萃取技术开展了广泛深入的研究且取得了很大的进展，特别是在医药、化工、食品及环保领域取得了显著成果。

1.6 超临界 CO_2 流体萃取技术的应用

超临界流体萃取的特点决定了其应用十分广泛。例如，在医药工业中，超临界流体萃取可用于中草药有效成分的提取、热敏性生物制品药物的精制及脂质类混合物的分离；在食品行业中，超临界流体萃取可用于啤酒花油的提取、色素的提取等；在香料工业中，超临界流体萃取可用于天然及合成香料的精制；在化学工业中，超临界流体萃取可用于混合物的分离等。超临界 CO_2 流体萃取技术的具体应用主要包括以下几个方面：

1. 在食品方面的应用

传统的食用油提取方法是乙烷萃取法，但采用此法生产的食用油所含溶剂的量难以满足相关食品管理法的规定。美国采用超临界 CO_2 流体萃取技术提取豆油获得成功，产品质量大幅度提高，且无污染问题。目前，已经可以用超临界 CO_2 流体萃取技术从葵花籽、红花籽、花生、小麦胚芽、棕榈、可可豆中提取油脂，且提取的油脂中含中性脂质，磷含量低，着色度低，无臭味。这种方法比传统的压榨法的提取率高，而且不存在溶剂法的溶剂分离问题。专家认为这种方法可以使油脂提取工艺发生革命性的改进。

咖啡中含有咖啡因，多饮对人体有害，因此必须从咖啡中将其除去。工业上传统的方法是用二氯乙烷来提取，但二氯乙烷不仅提取咖啡因，也提取咖啡中的芳香物质，而且残存的二氯乙烷不易除净，容易影响咖啡的质量。德国 Max-Planck 煤炭研究所的 Zesst 博士开发的从咖啡豆中用超临界 CO_2 流体萃取咖啡因的专题技术，现已由德国的 HAG 公司实现了工业化生产，并被世界各国普遍采用。这项技术最大的优点是取代了原来在产品中仍残留的对人体有害的微量卤代烃溶剂，咖啡因的含量从原来的 1% 左右降低至 0.02%，而且 CO_2 的良好的选择性可以保留咖啡中的芳香物质。

美国 ADL 公司开发了一种用超临界 CO_2 流体萃取技术提取酒精的方法，还开发了从油腻的快餐食品中除去过多的油脂，而不失其原有色、香、味，以及保有其外观和内部组织结构的技术，且已申请专利。

2. 在医药保健品方面的应用

德国萨尔大学的 Stahl 教授对许多药用植物采用超临界 CO_2 流体萃取技术对其有效成分（如各种生物碱、芳香性及油性组分）实现了令人满意的分离。

在抗生素药品生产中，传统方法常使用丙酮、甲醇等有机溶剂，但要将溶剂完全除去，又不使药物变质非常困难，若采用超临界 CO_2 流体萃取技术则完全可以满足要求。美国 ADL 公司从 7 种植物中萃取出了治疗癌症的有效成分，并且已真正应用于临床。

许多学者认为摄取鱼油和 ω-3 脂肪酸有益于健康。这些脂类物质也可以从浮游植物中获得。通过这种途径获得的脂类物质不含胆固醇，J. K. Polak 等成功地从藻类中萃取出脂类物质，而且叶绿素不会被超临界 CO_2 萃取出，因此省去了传统溶剂萃取所需的漂白过程。

另外，运用超临界 CO_2 流体萃取技术从银杏叶中提取的银杏黄酮，从鱼的内脏和骨头中提取的多烯不饱和脂肪酸（DHA 和 EPA）、从沙棘籽中提取的沙棘油、从蛋黄中提取的卵磷脂等对心脑血管疾病具有独特的疗效。日本学者宫地洋等从药用植物蛇床子、桑白皮、甘草根、紫草、红花、月见草中提取了有效成分。

3. 在中药方面的应用

美国有专门从事超临界流体萃取技术研究的公司，德国也有申请专利的 SFE-CO_2 提取设备。1998 年 3 月，我国 20 多个单位的 60 多位专家学者聚集厦门大学，共同探讨中药现代化问题，特别是超临界流体技术的应用。东宇集团率先在全国成功制造了大型自动化超临界机组，实现了超临界机组的远程监控及微机管理，并在青岛安装完毕。目前，中国科学院大连化学物理研究所、北京化工大学、北京中医药大学等研究的 SFE-CO_2 技术已经成熟。根据研究开发实践，超临界流体萃取技术应用于中药提取分离及中药现代化，具有较大的潜力和广阔的前景。

4. 在化工方面的应用

运用超临界 CO_2 流体萃取技术萃取香料不仅可以有效提取芳香组分，还能提高产品纯度，同时保持其天然香味。例如，从桂花、茉莉花、菊花、梅花、米兰花、玫瑰花中提取的花香精，从胡椒、肉桂、薄荷中提取的香辛料，以及从芹菜籽、生姜、芫荽籽、茴香、砂仁、八角、孜然等原料中提取的精油，不仅可以用作调味香料，而且有的萃取物还具有较高的药用价值。啤酒花是啤酒酿造中不可或缺的添加物，具有独特的香气、清爽度和苦味。采用传统方法生产的啤酒花浸膏不含或仅含少量的香精油，破坏了啤酒的风味，并且残存的有机溶剂对人体有害。超临界流体萃取技术的运用为啤酒花浸膏的生产开辟了新途径。美国 SKW 公司从啤酒花中萃取啤酒花油，已形成生产规模。

目前，国际上对天然色素的需求量逐年增加，主要用于食品加工、医药和化妆品行业。不少发达国家已经规定了禁止使用合成色素的最后期限。在中国，合成色素的禁用也势在必行。采用溶剂法生产的色素纯度差、有异味，且存在溶剂残留问题，无法满足国际市场对高品质色素的需求。运用超临界流体萃取技术可以克服以上缺点。目前，我国运用超临界 CO_2 流体萃取法提取天然色素（如辣椒红色素）的技术已经成熟，并且在实际应用中取得了良好的效果。

在美国，超临界技术还用于制备液体燃料。以甲苯为萃取剂，在 $P_c=100$ atm，$T_c=400\sim440$ ℃条件下进行萃取，在 SCF 溶剂分子的扩散作用下，促进煤有机质发生深度的热分解，能使$\frac{1}{3}$的有机质转化为液体产物。此外，从煤炭中还可以萃取硫等化工产品。美国成功研制了一种新型乙酸制造工艺，其中超临界 CO_2 既作为反应剂又作为萃取剂。俄罗斯、德国还把超临界 CO_2 流体萃取技术应用于油料脱沥青。

5. 农药残留分析中的应用

农药残留分析涵盖样品的提取、净化、浓缩、检测等步骤，其中提取和净化是关键。在传统的农药残留分析中，样品的前处理大多采用有机溶剂提取。溶剂提取存在许多缺点：一是溶剂浪费严重，对环境污染较大；二是费时，提取、净化过程烦琐；三是提取率低。目前，国际上将超声波辅助萃取（Ultrasonic-Assisted Extraction，UAE）和索氏提取（Soxhlet extraction）两种方法视为主要的农药残留提取方法。但是这两种提取方法最大的缺点就是处理时间较长，因而推广应用受到限制。

超临界流体萃取技术在农药残留的提取中具有得天独厚的优势。研究显示，样品前处理简单、萃取时间短、提取率高、结果准确度高且重现性好等优点将会极大地推动超临界流体萃取技术在农药残留分析中的应用。对于水分含量高的样品，只需在样品前处理过程中加入适量的干燥剂混匀即可；对于极性较大的物质，在萃取过程中加入一定量的夹带剂或将流体的配比加以改变，就可以实现有效萃取。每个样品从制样到完成一般需要40 min左右，大大缩短了提取时间，这是常规溶剂提取、索氏提取和超声波辅助萃取等方法所不能比拟的。

尽管超临界流体萃取技术成为农药残留分析的热点，但仍存在一些缺点。首先，仪器价格昂贵，制约了该技术的推广应用；其次，常用仪器的限流管较易堵塞，当实验品的水分过高或提取物中有些成分黏度过高或聚合能力较强时，往往会将毛细管堵塞，严重时甚至会使限流管报废，限制对部分样品的提取；最后，由于通常使用的超临界流体是极性较弱的CO_2，对于极性较强的物质的萃取不是很理想，因此需要用大量的实验来确定流体的种类及两种或三种以上流体的配比，同时还需要配合使用夹带剂来成功实现对靶标物质的萃取。这些缺点是技术上的弱点，比较容易改进，且中国现在已经有很多厂家能完成超临界流体萃取仪器的制造。

超临界流体萃取技术越来越多地与多种方法联用，在农药残留的应用研究中有很大的潜力，尤其是在农药多残留分析中能够显著地提高分析效率。研究者将超临界流体萃取与分析仪器GC，MS联用，对动物组织中的有机磷类农药、氨基甲酸酯类农药进行分析，取得了良好的效果。Iancas等的研究表明，将超临界流体萃取与胶束电动毛细管色谱（micellar electrokinetic capillary chromatography）技术结合可以迅速且有效地实现萃取，该分析方法将成为农药残留分析中的新型方法。

1.7 超临界流体萃取技术的局限性与发展前景

在充分了解超临界流体萃取技术的优异特性的同时，我们也需要对它的局限性有所了解：

（1）超临界 CO_2 流体萃取技术是高压技术。高压设备价格昂贵，一次性投资较大，对操作人员的素质要求较高，因此投资风险大。在成本上，与传统工艺相比，它缺乏竞争力。

（2）由于我们对超临界流体本身缺乏透彻理解，超临界流体萃取热力学及传质理论研究远远不如传统分离技术（萃取、精馏等）成熟。另外，超临界流体萃取技术的相关实验和理论积累与实际需求还有一定的差距。

（3）虽然国内外关于超临界流体萃取技术的专利有很多，中试产品及实验室制品数目也不少，但商业规模上的工艺和模式运行仅有少量获得了成功。

（4）技术保密等商业利益因素也制约着该技术的发展，国内低水平的重复研究或盲目生产时有出现。

（5）高压技术在大规模工业生产中的应用有减少的趋势。超临界流体萃取工艺一般也是在传统的精馏和液相萃取应用不利的情况下才被研究者考虑，且主要适合高附加值、热敏性成分的萃取分离。

由于天然产物组成复杂，近似组分多，单独采用超临界流体萃取技术往往难以满足对产品纯度的要求，因此常常需要将超临界流体萃取技术与其他先进技术合理结合，实现先进技术的集成化。

在超临界流体萃取技术用于中药制剂的研究开发中，我们需要对中药制剂的特殊性有足够的了解。中药材成分复杂，中药单复方起疗效作用的物质基础常为广义的化学成分（如挥发油、生物碱、黄酮类、皂苷类小分子化合物，以及多糖、蛋白质、肽等生物大分子等）。由于纯超临界 CO_2 作为溶剂的超临界流体萃取物大多是非极性脂肪、挥发油一类的混合成分，要同时提取极性成分需要加入夹带剂，这会使分离过程复杂化，并削弱“萃取产品无溶剂残留”的优势。另外，有些极性成分，如生物碱、皂苷、多酚类，除本身带有极性外，与天然母体结合得十分紧密，即使使用大量极性较强的夹带剂，也难以得到有效的提取和分离。虽然超临界流体萃取技术用于生物碱、皂苷、多酚类极性成分有文献进行过研究，但不一定是产业化的最佳工艺。中药一般通过配伍来加强疗效，并降低毒性与副作用。超临界 CO_2 流体萃取中药材所得结果常与传统中药提取的成分及其含量有所不同，因此必须结合传统中药的要求进行药效学、安全性和稳定性评估。

任何新技术的发展与成熟都需要经过科学研究与实践。超临界流体萃取技术作为环境友好的高效化工分离技术，随着研究的深入，将在多个领域的开发和应用中展现出广阔的前景。尤其是在中药领域，超临界流体萃取是中药现代化的关键技术之一。在中药提取分离的应用上，兼顾单方、复方中药的开发应用会显示出巨大的开发潜力，成为实现中药现代化的重要途径。

第2章　超临界 CO_2 流体萃取技术在食品行业中的应用

超临界流体萃取是一项创新的分离技术，在过去的几十年展现出在食品行业中的巨大应用潜力。这项技术利用超临界状态下的流体（如 CO_2）作为萃取剂，从各种原料中高效、安全地提取出所需的目标成分。由于超临界流体萃取具有操作温度低、提取率高、选择性好及对环境友好等优点，因此在食品行业中的应用越来越广泛。本章将重点讨论超临界流体萃取在食品行业的应用进展，以及它如何为食品行业的可持续发展做出贡献。

超临界流体萃取的基本原理是利用物质在超临界流体中的溶解度差异来实现分离。超临界流体是指处于临界温度和临界压力之上的流体，具有与液体相似的密度和与气体相似的扩散系数，这使其既能像液体一样溶解物质，又能像气体一样快速扩散和穿透物料。可以通过调节温度、压力和流体组成，实现对目标成分的高效提取和分离。

超临界流体萃取在食品行业的应用主要有以下几个方面：

1. 油脂提取

油脂是食品行业中的重要原料。超临界流体萃取技术因其高效、环保等特点而在油脂提取领域得到了广泛应用。与传统的溶剂提取法相比，超临界流体萃取可以在较低的温度下进行，避免高温对油脂品质的破坏，同时能提高提取率。利用超临界 CO_2 流体萃取法萃取的产品质量更高。此外，利用超临界 CO_2 流体萃取技术还可以从植物中提取出含中性脂质、磷含量低、着色度低、无臭味的油脂，使油脂提取工艺得到了革命性的改进。利用超临界 CO_2 流体萃取技术提取油脂不仅提取率高，而且提取出的油脂品质优良，更易于保存和加工。

2. 天然植物色素提取

天然植物色素是食品行业中重要的食品添加剂，具有安全、健康的特点。超临界流体萃取技术因其选择性好、提取率高的特点，在天然植物色素提取方面展现出显著优势。通过调整操作条件，不仅可以实现对特定色素的高效提取，还可以避免对原料中其他成分的破坏。例如，利用超临界流体萃取技术从植物中提取胡萝卜素、番茄红素等天然色素，不仅提取率高，而且提取出的色素稳定性好，更适用于食品加工。

3. 风味成分提取

风味是影响消费者选择食品的重要因素之一，而超临界流体萃取技术在风味成分提取方面具有显著优势。通过调整操作条件，不仅可以实现对特定风味成分的高效提取，还可以避免对原料中其他成分的破坏。例如，利用超临界流体萃取技术从咖啡豆中提取咖啡因、从香料中提取挥发油等，不仅可以提高提取率，而且可以保留原料中的天然风味。

超临界流体萃取技术在食品行业的应用中展现出诸多优势，如操作温度低、提取率高、选择性好及对环境友好等。然而，该技术也面临一些挑战，如设备成本较高、操作条件需要精确控制等。此外，对于某些特定成分的提取，超临界流体萃取技术可能还需要进一步优化和改进。

超临界流体萃取技术在食品行业中的应用范围正逐渐扩大。通过对油脂、天然色素和风味成分的高效提取，它为食品行业的可持续发展做出了重要贡献。未来的研究应关注如何提高超临界流体萃取技术的效率和稳定性，降低设备成本，并拓宽其在食品行业中的应用范围。同时，还需要加强对超临界流体萃取技术在食品安全和质量控制方面的研究，以确保其在食品行业中的广泛应用能够为人类提供更加安全、健康的食品。随着科学技术的不断进步和人们对食品安全与健康需求的不断提高，超临界流体萃取技术有望在食品行业中发挥更加重要的作用。通过不断研究和创新，我们有理由相信，超临界流体萃取技术将为食品行业的可持续发展注入新的活力。

2.1　植物油脂提取

植物油脂含不饱和脂肪酸，溶点低，在常温下呈液态，消化吸收率高。植物油脂肪含量在99%以上，并且含有丰富的维生素 E，以及少量的钾、钠、钙和微量元素。植物油脂是必需脂肪酸的重要来源。任何油脂都由三大类脂肪酸组成：饱和脂肪酸、单不饱和脂肪酸（Monounsaturated Fatty Acid，MUFA）和多不饱和脂肪酸（Polyunsaturated Fatty Acid，PUFA）。其中，多不饱和脂肪酸对人体健康具有重要影响，并且是必需脂肪酸。除了对心血管疾病具有预防作用，这组脂肪酸已被证明对不同类型的癌症、骨关节炎、神经退行性疾病、自身免疫性疾病等有益，同时还能调节细胞活动和人体的新陈代谢率。一些研究报告还表明，多不饱和脂肪酸具有控制血糖、血压，以及凝血功能。

随着运动医学的发展，人们对多不饱和脂肪酸的兴趣逐渐增加。多不饱和脂肪酸对营养保健品市场做出了重大贡献。值得注意的是，大多数多不饱和脂肪酸（包括 ω-3 脂肪酸和 ω-6 脂肪酸）在人体内无法自行合成，因此应作为膳食补充剂服用。

重要的多不饱和脂肪酸有 α-亚麻酸（ALA）、二十碳五烯酸（EPA）、二十二碳六烯酸（DHA）、花生四烯酸（AA）等。植物性多不饱和脂肪酸的主要来源有亚麻籽、奇亚籽、红花油、大豆、葵花籽等。此外，多不饱和脂肪酸还有一个重要来源，那就是从海洋生物中获得的微藻油。

将天然油料经过压榨、浸出等方法提取出的未经过处理的油脂称为毛油。毛油的主要成分包括悬浮杂质（如有机杂质、无机杂质）、水分（会使油脂透明度差，容易导致油品酸败）、脂溶性杂质（如磷脂、游离脂肪酸、甾醇、生育酚、色素）、烃类和蜡。油脂精炼的过程主要包括以下五个方面：

（1）脱胶：一般采用水化脱胶方法，通过添加电解质（如柠檬酸）来实现。脱胶是指应用物理、化学或物理化学方法将粗油中的胶溶性杂质脱除的工艺过程。在食用油脂中，若磷脂含量高，在加热时则易起泡、冒烟，并产生臭味。磷脂在高温下会氧化而使油脂呈焦褐色，进而影响煎炸食品的风味。脱胶的原理是磷脂及部分蛋白质在无水状态下溶于油，但与水形成水合物后则不溶于油。因此，向粗油中加入热水或通入水蒸气，加热油脂并在 50 ℃ 的温度下搅拌混合，然后静置分层，分离水相，即可除去磷脂和部分蛋白质。

（2）脱酸：一般采用碱炼脱酸，因为游离脂肪酸会影响油脂的稳定性和风味。可以通过加碱中和的方法去除游离脂肪酸，这个过程称为脱酸或碱炼。

（3）脱色：粗油中含有叶绿素、类胡萝卜素等色素。叶绿素是光敏剂，会影响油脂的稳定性，而其他色素则会影响油脂的外观。为了去除这些色素，可以使用吸附剂（如天然漂土、活性白土）进行吸附，也可以使用化学试剂进行脱色。

（4）脱臭：油脂中存在一些异味物质，这些物质主要源于油脂氧化产物。为了去除这些异味，可以采用减压蒸馏的方法，并添加柠檬酸以螯合过度金属离子，从而抑制氧化作用。此外，也可以采用水蒸气蒸馏的方法来去除异味。

（5）脱蜡：油脂中的蜡是高级一元羧酸与高级一元醇形成的酯。为了改善油脂的透明度和提高油脂消化吸收率，一般采取低温结晶过滤的方法来去除蜡。

食用植物油脂精炼与制取新技术研究受到了广泛关注。基于低碳绿色、高效低耗，以及产品个性化、营养健康化的新需求，油料与油脂的柔性加工和精准适度加工技术成为实现产业转方式、调结构、促发展的重要途径。在新时代工业产品加工节能降耗、安全健康的双重诉求下，传统油脂加工方式的弊端日益凸显。油料油脂的过度加工现象仍然普遍存在，导致原辅料消耗大，能耗、水耗及排放高，资源利用率低下，这不仅会严重浪费资源和能源，还会加剧环境污染。

随着人们对健康、营养油脂需求的不断提升，油料油脂加工工艺和设备也不断推陈出新。近些年，为了进一步提高油脂品质和产率，人们对油脂制取工艺进行了大量研究。

植物油制取主要有机械压榨法、溶剂浸出法，以及水酶法、水剂法等。然而，这些制油方法存在适用性不高、出油率低、分离困难、废水产生量大等缺点。例如，机械压榨法不仅存在油脂得率低、溶剂回收困难，以及产品中存在溶剂残留等问题，而且不能有效进行物质成分的选择性萃取。溶剂浸出法虽然提取率高，但产品中溶剂残留、有效成分不能选择性萃取的问题依然存在。这些制油方法有的已被应用了十几年，甚至数十年，虽在不断更新，但依然未有大规模应用。

与传统的溶剂提取法相比，超临界CO_2流体萃取技术具有显著优势，如可以在较低的温度下进行，避免高温对油脂品质的破坏。该技术提取率高，得到的油含磷量低，色泽淡，无溶剂残留，且操作条件温和，能选择性分离不饱和脂肪酸等成分。在后处理中，可省去脱胶、脱色步骤，通过工艺调整可以去除大部分游离脂肪酸，进而可省去脱酸步骤。

目前，超临界 CO_2 流体萃取技术已广泛用于开发具有高附加值的油脂，如米糠油、小麦胚芽油、沙棘油、葡萄籽油、杏仁油、紫苏籽油、月见草油、芹菜籽油等，并在工业应用上取得了成功。

2.1.1 微藻油脂提取

DHA 作为一种必需脂肪酸，具有增强记忆力、提高智力，以及预防近视和改善视力等作用。DHA 对维持各种组织的功能也必不可少，一旦缺乏会引发一系列症状。DHA 是促进神经系统细胞生长的一种主要元素，是大脑和视网膜的重要构成成分，尤其对婴幼儿及孕妇，特别是早产儿的智力和视力发育至关重要。目前，DHA 的开发利用已受到世界各国的关注和重视，尤其是在孕妇及婴幼儿食品方面的应用开发已十分引人注目，其中在婴幼儿奶粉产品中的应用最为广泛。

DHA 主要存在于海洋生物中，如鱼类、虾类、海藻等，尤其是高脂鱼类及海洋哺乳动物中 DHA 的含量最高。甲藻纲中 DHA 的含量也非常高。目前，添加于食品或直接用作营养补充剂的 DHA 主要来源于鱼油和微藻油。鱼油主要是从含脂肪酸较高的海鱼中提取得到的，微藻油则是通过生物工程方法进行微藻纯种培养后，再经过抽提和精炼得到的。

鱼油因含有 DHA 且价格相对便宜，在食品行业中已广泛用作食品原料和营养添加剂，并常用作婴幼儿和孕妇食品中强化 DHA 的来源。然而，英国萨里大学的 Jacobs 等在美国《环境科学与技术》杂志上发表的文章，以及德国耶拿大学的 Vatter 等在《欧洲食品研究与技术》杂志上发表的文章指出，鱼油中含有的持久性有机污染物（Persistent Organic Pollutants，POPs）及其危害多年来一直被人们忽视。在海洋环境中，POPs 可通过食物链在不同级别的生物中积累。由于鱼类在海洋食物链中占据较高的地位，因此其体内可积累不同种类的 POPs。由于这些污染物为脂溶性物质，在所提取的鱼油中不可避免地含有一定量的 POPs，因此专家建议，孕妇、哺乳期妇女和儿童，特别是小于 5 岁的儿童，应该尽量避免食用鱼油及添加了鱼油的食品。

目前，在发达国家，孕妇、哺乳期妇女和儿童食品中的 DHA 主要来源于微藻油。微藻是一类通常含有叶绿素的植物性水生微生物，如螺旋藻便是其中一种。许多品种可以在海洋环境下分离获得，这些纯种微藻可以通过生物工程的方法进一步筛选，培育成富含 DHA 且不含 EPA 的藻种。微藻油 DHA 稳定，且具有独特的海藻味，不含鱼腥味。尽管微藻油 DHA 价格较鱼油高，但由于其具备鱼油无法比拟的健康优势，因此在国际食品（尤其是高质量食品）及保健品市场上供不应求。此外，微藻油也是唯一得到美国食品药品监督管理局（Food and Drug Administration，FDA）认可的儿童 DHA 补充剂来源。

目前，已发现的富油微藻主要包括拟微球藻、小球藻、栅藻、角毛藻、三角褐指藻、金藻、裂壶藻、盐藻、杜氏藻、葡萄藻、隐甲藻、硅藻、红球藻。部分微藻油脂中还富含 EPA、DHA、虾青素、β-胡萝卜素、抗生素、多糖等生物活性物质，在医药、保健、食品及化工等领域具有广阔的应用前景。

Tang Shaokun 等通过超临界 CO_2 流体萃取技术从微藻中分离脂质，并通过尿素络合方法进一步富集粗脂质以生产高纯度的 DHA。系统研究表明，获得超临界 CO_2 流体萃取的最佳条件如下：压力为 35 MPa，温度为 40 ℃，使用乙醇（95%，v/v）作为夹带剂。在此条件下，脂质收率可以达到 33.9%，DHA 含量可以达到 27.5%。尽管脂质产率相对较低，但超临界 CO_2 流体萃取在 DHA 富集方面，比索氏提取法表现出 DHA 纯度更高和产品质量更好等优势。

Couto Ricardo Miguel 等则使用超临界 CO_2 从隐甲藻中提取出脂质化合物，并分析了它们的脂肪酸组成。他们发现，最佳提取条件为 30.0 MPa 和 50 ℃。在此条件下，经过 3 h 的提取，原料中总油量的近 50% 被提取出来，且 DHA 成分达到总脂肪酸的 72% w/w。这表明采用超临界 CO_2 流体萃取法获得的总脂肪酸中 DHA 的比例较高。

2.1.2　小麦胚芽油提取

小麦胚芽油含有 44% ~65% 的亚油酸，20% 的油酸，以及 4% ~11% 的亚麻酸。这些成分在植物油中并非特别罕见，然而，小麦胚芽油在以下两个方面特别优秀：

（1）小麦胚芽油是所有植物油中维生素 E 含量最高的。每 100 g 小麦胚芽油中含有 190 mg 维生素 E，远超葵花籽油的 55 mg，菜籽油的 30 mg，小榨花生油的 22 mg，以及芥花籽油的 21 mg。小麦胚芽油是在小麦成长过程中，经过胚胎发育出芽，再生长成苗，在小麦胚胎到出芽一周内，通过高科技低温方法提炼出来的。小麦胚芽油不仅含有高纯度的维生素 E，还含有 B 族维生素、矿物质及多种微量元素，是一种纯天然营养食品。相比之下，普通维生素 E 主要是化学原料分离合成的，不仅含有多种添加剂，而且成分单一。

（2）小麦胚芽油是所有植物油中植物甾醇含量最高的，含量可达 30 000 mg/kg，而玉米油只含有 6 000 mg/kg。

Teslić等应用传统的索氏提取与新型超临界流体萃取、微波辅助萃取（Microwave-Assisted Extraction，MAE）和超声波辅助萃取等技术来提取小麦胚芽油，结果显示，超临界流体萃取是最适合采油的技术，与其他提取技术相比，这种技术在生育酚含量、抗氧化活性和无机溶剂残留方面具有更大的优势。

Satyannarayana 等采用超临界 CO_2 流体萃取法在不同的操作条件下从小麦胚芽中提取油，并对油样的磷和生育酚（维生素 E）含量等特性进行表征，最佳工艺条件为 50 MPa、60 ℃、30 g/min，出油率、磷含量和生育酚含量分别为 8.87%、31.86 mg/kg 和 2 059.92 mg/kg。

Özcan 等研究了分别用冷榨法和超临界流体萃取法制备小麦胚芽油的效果，发现通过超临界 CO_2 提取的油中 α-生育酚的含量（1.27 mg/g）显著高于通过冷榨法获得的油中 α-生育酚的含量（0.79 mg/g）。

2.1.3 亚麻籽油提取

一项调查显示，大多数妇女在怀孕/哺乳期间并不知道 ω-3 脂肪酸对胎儿/婴儿的大脑、心脏和视力等发育的重要作用。最新的系列研究显示，ω-3 脂肪酸对人类的大脑发育、智力水平起着决定性作用。与准妈妈和胎儿所需要的其他营养素相比，欧洲各国政府加大了对 ω-3 脂肪酸的推广力度。ω-3 脂肪酸是人体八大营养素之一，是一种多元不饱和脂肪酸，是细胞的重要组成部分，是大脑、眼睛、心脏发育的关键性物质。人体自身不能合成 ω-3 脂肪酸，必须通过外界来摄取。

亚麻籽油中 ω-3 脂肪酸的含量比其他植物油高。现代饮食结构中 ω-6 脂肪酸摄入太多，合理的 ω-6 脂肪酸/ω-3 脂肪酸的摄入比例应该控制在 1∶1～4∶1，这可以有效地帮助身体调控免疫反应。如果大量摄入 ω-6 脂肪酸，而日常饮食基本没有 ω-3 脂肪酸，那么身体容易向慢性炎症倾斜，心血管疾病、癌症、炎症反应和自身免疫性疾病发生的概率会大大提高。提高 ω-3 脂肪酸的摄入量能够大大降低这类疾病的患病风险。

Neeharika 等通过改变温度（45 ℃和 60 ℃）和压力（25 MPa～45 MPa）在中试规模研究超临界 CO_2 流体萃取亚麻籽油。结果表明，在 45 MPa、60 ℃时获得最高产量，采用超临界 CO_2 流体萃取技术提取的油中磷脂的含量显著降低（磷含量小于 50 ppm）。磷脂含量较高的油在植物油脂精炼过程中必须经过脱胶的单元过程进行进一步精炼，这会导致油脂损失和微量营养素减少，此外，该过程会产生大量需要处理的废水。采用超临界 CO_2 流体萃取技术提取的油不需要此精炼步骤，因为磷的含量相当低。与采用溶剂法（正己烷）提取的油相比，采用超临界 CO_2 流体萃取技术提取的油呈浅黄色。亚麻籽含油量高，富含多不饱和脂肪酸和多种抗氧化剂，如生育酚、谷维素等，采用超临界 CO_2 流体萃取技术提取的油可保留这些营养成分。

Pradhan 等将超临界 CO_2 流体萃取法与索氏提取法和压榨法进行比较，通过 CHNS 分析仪、GC-FID、GC-MS 和 ^{1}H-NMR 测定油的化学成分。结果表明，超临界 CO_2 流体萃取技术可选择性地提取具有高比例 ω-3 脂肪酸和 ω-6 脂肪酸的脂肪油。采用压榨法提取的油的化学成分与采用超临界 CO_2 流体萃取的油的化学成分接近，但收率低了近 27%。

2.1.4　沙棘籽油提取

1977 年沙棘被正式列入中国药典，成为我国法定的医疗药材。随着科学技术的进步，越来越多的健康食品都以沙棘籽作为主要原料，对沙棘籽的需求越来越大。然而，沙棘籽产量较低且难以采摘，这决定了沙棘籽油的原料价格较高。沙棘籽油是由沙棘籽经过超临界流体萃取或亚临界低温萃取得到的棕黄色到棕红色透明油状液体，是沙棘有效成分的高度浓缩物，带有沙棘特有的气味，是纯植物提取物。沙棘籽油内含黄酮、有机酸、生物碱、甾醇类、三萜烯类及各种维生素等 140 多种生物活性成分。相比沙棘果油，沙棘籽油含有更丰富的不饱和脂肪酸、人体所必需的氨基酸、磷脂类化合物等营养物质。

Kagliwal 等采用超临界 CO_2 流体萃取沙棘籽油，在 35 ℃、40 MPa 的条件下运行 60 min，生育酚和胡萝卜素的提取率分别为 77.2% 和 75.5%，他们还使用 30% v/w 的异丙醇作为干燥沙棘籽粉末的夹带剂，优化条件为 35 ℃、30.5 MPa，运行时间为 90 min，此时生育酚和胡萝卜素的提取率分别提高至 91.1% 和 69.6%。宋美玲以沙棘籽为原料，以 CO_2 为萃取剂，采用超临界流体萃取法萃取沙棘籽油，其中萃取流量、萃取压力、萃取温度、萃取时间为主要影响因素。经过实验发现，最佳工艺条件如下：萃取流量为 32 kg/h，萃取压力为 25 MPa，萃取温度为 45 ℃，萃取时间为 120 min。采用超临界 CO_2 流体萃取法提取的沙棘籽油，其理化指标符合相应的国家标准，这说明采用超临界 CO_2 流体萃取法提取沙棘籽油的工艺是可行的、科学的，并且可以应用于加工生产。

2.1.5 葵花籽油提取

葵花籽油的脂肪酸营养和大豆油类似，其饱和脂肪酸含量极少，以亚油酸为主，但缺乏 α-亚麻酸。在葵花籽油中，生育酚的含量为 600 ~ 700 ppm，且 95% 以上为具有生物活性的 α-生育酚。葵花籽油的人体消化率为 96.5%，且含有丰富的亚油酸，具有显著降低胆固醇、防止血管硬化和预防冠心病的作用。此外，葵花籽油中生理活性最强的 α-生育酚的含量比一般植物油高，且亚油酸含量与维生素 E 含量的比例较为均衡，便于人体吸收利用。

对于天然植物油脂的提取，传统工艺包括机械压榨萃取法、有机溶剂萃取法及水蒸气蒸馏法。水蒸气蒸馏法容易破坏产品中的热敏性成分。有机溶剂萃取法中固体基质与有机液相接触，不同的化合物从基质中提取并扩散到流体中，所以此法需要较长的萃取时间和大量的有机溶剂（如己烷、丙酮、乙醚等）。通常萃取物不具备选择性，同时油中存在残留的痕量有机溶剂，特别是当使用己烷时，最终不可避免需要进行纯化。仅通过压榨法进行提取的经济价值通常有限，因为压榨饼中会残留大量油，即使压榨过程不会显著影响油中天然抗氧化剂的最终含量，但采用压榨法萃取的葵花籽油中维生素 E（α-生育酚）的含量相对较低。因此，天然植物油提取工艺的研发方向已转向减少有毒残留物、减少废水排放及增加副产品的使用，以减少对环境的污染。

超临界 CO_2 流体萃取工艺中，溶剂是超临界流体。由于 CO_2 无毒、易得、纯度高、无腐蚀性、临界温度接近室温，以及临界压力工业上可以达到，因此超临界 CO_2 使用较为普遍。它可以有效代替有机溶剂，解决上述问题。Rai Amit 等研究了超临界 CO_2 流体萃取葵花籽油，并评估了萃取变量，即压力、温度、粒度、超临界 CO_2 流速和夹带剂对超临界 CO_2 萃取的影响。葵花籽油的最大收率约为 54.37 wt%，最佳工艺为在 80 ℃、40 MPa、0.75 mm 颗粒和 10 g/min 流速下进行超临界 CO_2 流体萃取。

张坤等利用超临界 CO_2 流体对葵花籽仁中的脂类成分进行了萃取，利用正交试验法讨论了萃取的工艺参数，即萃取压力、温度、时间对萃取率的影响，同时利用 GC-MS 分析了采用超临界 CO_2 流体萃取法提取的葵花籽油的组成成分，并比较了超临界 CO_2 流体萃取的油样和传统溶剂法萃取的油样的理化性质。采用超临界 CO_2 流体萃取得到的葵花籽油具有低酸值、低皂化值、高碘值的特点，油品质量优于采用乙醚萃取的油样，符合食用油的标准。可行的工艺条件如下：萃取压力为 30 MPa，萃取温度为 45 ℃，萃取时间为 3 h，CO_2 流量为 25 kg/h。在此条件下，葵花籽油的萃取率可达 37.2 g 葵花籽油/100 g 葵花籽仁，油脂萃取率可达 91.6%，而索氏提取法测得本实验用葵花籽仁的含油量为 40.6%。超临界 CO_2 流体萃取得到的葵花籽油经 GC-MS 分析共鉴定出 7 种脂肪酸。葵花籽油富含人体必需脂肪酸——亚油酸（51.06%）和油酸（35.92%），总不饱和脂肪酸含量高达 87.45%，是一种较为理想的营养保健食用油。采用超临界 CO_2 流体萃取所得葵花籽油的理化性质优于采用传统的溶剂萃取所得油样。

2.1.6　葡萄籽油提取

葡萄籽油被誉为最珍贵、健康的食用油之一。葡萄籽油中的不饱和脂肪酸含量很高，可超过 90%，其中主要包括亚油酸和油酸。亚油酸是人体必需脂肪酸，也是合成二十碳四烯酸（Arachidonic Acid，ARA）的主要原料，具有防止血栓生成、扩张血管和营养脑细胞的重要作用；而油酸则能够抑制胆固醇的合成，从而有效调节血压。

葡萄籽油中含有原花青素、角鲨烯，以及钙、锌、维生素 A、维生素 E 等人体必需的矿物元素和营养成分。其中，原花青素具有维持血管弹性、保护肌肤免受紫外线伤害、预防胶原纤维和弹性纤维的破坏、防止皮肤下垂及皱纹产生的功效，是抗衰老植物油的首选；角鲨烯则具有广泛的生物活性，是一种性能优良的血液输氧剂和生物抗氧化剂，能抵抗紫外线的伤害。

此外，外国的相关研究还发现，葡萄籽油提取物对结肠癌细胞 HT-29 的增殖具有显著的抑制作用。其营养价值和医疗作用均得到了国内外医学界及营养学家的充分肯定与高度认可。

由于生产过剩和开采有限，农业废弃物的管理已成为食品行业的一个主要问题。酿酒是最重要的农业加工活动之一，为许多国家的国民经济发展做出了重大贡献。葡萄渣是酿酒的副产品，可以在食品和营养保健品行业中得到进一步的应用。葡萄籽占干葡萄渣的 38% ~52%，可用于榨油。

常用的提取葡萄籽油的方法有很多，压榨法、溶剂萃取法是最传统的方法。此外，水酶法、超声波辅助萃取法、微波辅助萃取法、酸热法、亚临界流体萃取法、超临界流体萃取法等都可用于提取葡萄籽油。

热榨法和冷榨法是压榨法中常用的两种方法，是工业生产中最传统的提取方法。热榨法温度一般为 120 ~180 ℃，该过程能耗高，会改变植物油的化学结构，破坏油和饼粉的营养成分（如维生素、酚类、蛋白质等），影响植物油的营养价值；冷榨法温度一般为 30 ~50 ℃，这种榨取方法的优点是不会改变植物油的化学结构，可以有效保留植物油的营养价值，缺点是出油率较低，对设备的要求也较高。

溶剂萃取法是最常用的提取植物油脂的方法之一。此法的提取率远高于压榨法，操作简单、生产成本低，但生产的毛油中溶剂残留量大、色泽偏深，可能会对消费者健康及环境埋下隐患。

油料中的油脂一般以脂多糖和脂蛋白两种形式存在于细胞中，并与细胞壁中的纤维素、木质素等相互联结，构成复杂的聚合物体系。水酶法的提取原理是利用合适的酶制剂降解细胞壁，用水将反应体系调至合适范围，待充分酶解后将油脂分离出来。水酶法能够促进油脂与粕的分离，不易造成蛋白质损失，所制备的油脂纯度较高、颜色澄清、营养品质高，但萃取的物质的纯度不高、萃取效率低、萃取时间较长、反应温度较高、需要大量能量，且萃取过程中可能会出现酶抑制，对酶资源造成浪费，增加生产成本。这些问题限制了其在工业生产上的广泛应用。

微波辅助萃取法在植物原材料中生物活性物质的提取和植物油的回收中应用广泛，其优势主要在于能够提供较高的加热效率和较好的加热均匀性，降低设备维护成本，实现安全的生产加工。利用微波处理籽料，可以使微波能量渗透至籽料中，在其内外产生较高的温度差，导致内部压力升高，细胞结构被破坏，促使油及油中的活性成分在短时间内加速渗出，明显提高油的提取率。但微波辅助萃取法受温度影响较大，可能会影响油的质量。

超声波辅助萃取法是在溶剂萃取法的基础上发展的一项萃取工艺，利用超声波的空化效应，使分子在液体界面扩散加剧，促进细胞破碎及油脂渗出。将其与传统的提取技术结合使用，能够提高提取率，但超声波辅助萃取法成本较高。

超临界流体萃取是近几十年发展形成的一种物理萃取技术，一般将 CO_2 作为萃取溶剂，在低温条件下利用 CO_2 良好的溶解性、来源丰富、无毒无害等优势，通过不断调整流体密度来提取油脂。这种方法解决了传统压榨法产油率低、有机溶剂残留量高等问题，是一种绿色高效的提取方法。

张鑫主要研究了中试规模超临界 CO_2 流体萃取葡萄籽油中各个因素对萃取效果的影响。他根据单因素法设计了正交试验，并确定了中试规模试验采用超临界 CO_2 流体萃取葡萄籽油法的最佳工艺条件：萃取压力为28 MPa，萃取温度为45 ℃，CO_2 流量为700 L/h，萃取时间为150 min。最终，葡萄籽油的产率为9.93%。

Coelho 等在温度为40～60 ℃、压力为40.0 MPa 和不同超临界 CO_2 流速下，从葡萄籽样品中进行超临界流体萃取。他们使用 NMR 对原油进行了定性分析，并通过 GC-FID 对脂肪酸进行分析。结果表明，与正己烷有机溶剂萃取法相比，采用超临界 CO_2 流体萃取法提取的葡萄籽油含有较高的多不饱和脂肪酸和较低的饱和脂肪酸，因此超临界 CO_2 流体萃取法更优。

董海洲等研究了超临界 CO_2 流体技术萃取葡萄籽油的工艺条件，探讨了原料预处理、萃取压力、萃取温度、萃取时间和 CO_2 流量对葡萄籽油萃取率的影响。结果表明：超临界 CO_2 流体技术萃取葡萄籽油的工艺切实可行。在葡萄籽细度为 40 目、水分含量为 4.52%、湿蒸处理、萃取压力为 28 MPa、温度为 35 ℃、CO_2 流量比为 8～9、萃取时间为 80 min 的条件下，葡萄籽油的萃取率可超过 90%。

2.1.7 米糠油提取

水稻收获后，在碾磨过程中会产生许多副产品，包括稻壳、麸皮、胚芽和碎米等，这些副产品即米糠，约占谷物总量的 40%。麸皮是谷物的外层之一，含有蛋白质、膳食纤维、矿物质和脂质。米糠最常见的用途之一是提取米糠油（Rice Bran Oil，RBO）。米糠油是一种营养丰富的植物油，食后吸收率可在 90%以上。米糠油所含的脂肪酸、维生素 E、甾醇、谷维素等有利于人体吸收，具有清除血液中的胆固醇、降低血脂、促进人体生长发育等作用，因此米糠油是国内外公认的营养健康油。同时，由于米糠油本身含有 38% 左右的亚油酸和 42% 左右的油酸（亚油酸与油酸的比例约为 1∶1.1），从现代营养学的观点看，这个比例的油脂具有较高的营养价值。

米糠油中含有丰富的谷维素，谷维素是由十几种甾醇类阿魏酸酯组成的一族化合物，可以阻止自体合成胆固醇，降低血清胆固醇的浓度，促进血液循环，具有调节内分泌和植物神经等功能，可促进人体和动物的生长发育。谷维素还能促进皮肤微血管循环，保护皮肤，并对脑震荡等疾病有疗效。米糠油中还含有米糠、脂溶性维生素、谷甾醇及其他植物甾醇等营养成分。同时，维生素 E 和谷维素都具有抗氧化作用，所以米糠油的氧化稳定性比较好，容易存储。米糠油已受到许多国家的关注，美国市场上米糠油的零售价高达 3 美元/千克，远超大豆油、花生油等传统食用油的售价。

米糠油通常利用已烷来提取，但已烷是一种对环境和人类健康有害的溶剂。随着人们对米糠油的需求不断增长，研究人员正致力于寻找更环保、更可持续的提取技术。超临界 CO_2 流体萃取技术已成功应用于从多种基质中提取油和功能化合物。在这项工作中，Garofalo 等对超临界 CO_2 流体萃取米糠油的中试规模的实验设计进行了优化。他们采用多线性回归的 DoE 方法，将米糠油和 γ-谷维素的产量建模为温度和压力的函数，同时保持提取时间恒定，以优化提取产量。

通过多因素实验设计，在不同压力（30 MPa，35 MPa 和 40 MPa）和温度（40 ℃，50 ℃和 60 ℃）下优化米糠油的超临界 CO_2 流体萃取试点规模。结果显示，最佳温度为 40 ℃，压力不影响萃取效果。研究表明，在低温条件下可以获得富含 γ-谷维素和必需脂肪酸的优质米糠油。

米糠油的超临界 CO_2 流体萃取技术不仅能有效代替传统溶剂萃取法，还可以降低对人类和环境有害的与化学品相关的风险。

2.1.8　石榴籽油提取

石榴籽油（Pomegranate Seed Oil，PSO）是唯一源自植物的多不饱和共轭脂肪酸，其中含有六种主要脂肪酸，即石榴酸、亚麻酸、亚油酸、油酸、棕榈酸和硬脂酸。其中前四种为不饱和脂肪酸，含量极其丰富，是石榴籽油的主要药效成分。这是一种 ω-5 长链多不饱和脂肪酸，是共轭亚麻酸（CLnA）的异构体，其结构与共轭亚油酸（Conjugated Linoleic Acid，CLA）和 α-亚麻酸相似。文献介绍了石榴籽油的多种功能和药用作用，包括抗氧化、自由基清除和抗癌活性、对神经退行性疾病的神经保护活性、抗糖尿病和抗肥胖特性、抗动脉粥样硬化、防止肠道损伤的抗炎活性、肾保护作用（针对肾毒性）、防止骨质流失、调节免疫功能、调节雌激素含量，以及抑制皮肤光老化等。

石榴籽油可以通过溶剂提取技术获得，但传统的提取技术存在一些缺点，如提取时间长、溶剂消耗高、可能导致热降解，以及最终提取物中可能含有微量有机溶剂。相比之下，超临界 CO_2 流体萃取被认为是提取高附加值化合物的一种有前景的替代方案。超临界流体萃取是一种环保技术，具有多种优势。超临界流体具有扩散率高、黏度低和表面张力低的特点，微小的压力或温度变化都会导致其密度发生显著变化。此外，CO_2 是惰性、无毒、不可燃的，可以作为许多工业过程的副产品回收，并且允许在较低温度和相对低压下提取。

Andrea Natolino 和 Carla Da Porto 采用超临界 CO_2 流体萃取技术提取石榴籽

油。石榴籽油在超临界 CO_2 中的溶解度通过 Chrastil 模型进行估计和建模，最高值是在 32 MPa 和 60 ℃的条件下获得的。与索氏提取法获得的油相比，采用超临界 CO_2 流体萃取技术提取的石榴籽油品质优良，多不饱和共轭脂肪酸含量更丰富。

赵文亚等对采用超临界 CO_2 流体萃取技术提取石榴籽油的工艺条件进行了研究。在单因素试验的基础上，通过正交试验确定最佳工艺条件如下：萃取压力为 40 MPa，萃取温度为 55 ℃，萃取时间为 80 min，分离釜Ⅰ温度为 60 ℃，压力为 10 MPa，分离釜Ⅱ温度为 35 ℃，压力为 6 MPa。在最佳工艺条件下，石榴籽油的萃取率为 18.6%。

Cairone 等分别采用正己烷为溶剂的索氏提取法和乙醇为夹带剂的超临界 CO_2 流体萃取法来提取石榴籽油。索氏提取法有提取时间长、高温会影响不稳定化合物生物活性，同时需要使用昂贵且对环境不友好的有机溶剂等缺点。超临界 CO_2 流体萃取法，在加入 10% 的乙醇作为夹带剂后，可以在更短的时间内获得可观的收率（比索氏提取器中的产量提高了约 9%），并且 CO_2 作为萃取剂无毒且可回收。

2.1.9 紫苏籽油提取

不饱和脂肪酸对人体健康的影响已得到广泛研究。膳食中不饱和脂肪酸在疾病预防和健康促进方面发挥着重要作用。长期合理摄入不饱和脂肪酸不仅可以影响体重和体脂，还可以降低得冠心病、心血管疾病和 2 型糖尿病等疾病的风险。紫苏籽油是一种优质保健食用油，具有极高的药用价值。紫苏籽油一共含有 11 种脂肪酸，其中最核心的成分是 ω-3 脂肪酸中的 α-亚麻酸，含量为 60% ~68%，比亚麻油中 α-亚麻酸的含量还要高。其中一部分的 α-亚麻酸会转变成 EPA 与 DHA。此外，采用超临界流体萃取的紫苏籽油还富含酚酸、植物甾醇、类黄酮、萜类化合物，以及一些丰富的脂肪伴随物质。

Hao Linyu 等采用超临界 CO_2 流体萃取法提取紫苏籽油。他们通过 Box-Behnken 实验设计和响应面法对工艺条件进行了优化。以提取率（%）为因变量的最佳工艺条件如下：压力为 33.98 MPa，温度为 42 ℃，CO_2 流量为 29.25 L/h。他们还采用气相色谱-质谱成分分析、抗菌抗氧化活性测试、总酚类和黄酮类含量测定，以及沙尔烘箱试验等方法对紫苏籽油的生理活性和储藏稳定性进行了评价。结果显示，采用超临界 CO_2 流体萃取法提取的紫苏籽油的主要脂肪酸为亚麻酸（78.7%）。

将采用超临界 CO_2 提取的紫苏籽油与采用压榨提取（PO）、石油醚提取（PEO）的紫苏籽油及市售食用油进行比较，发现采用超临界 CO_2 提取的紫苏籽油不但总酚类物质（130.4 mg/100 g）和黄酮类化合物（35.3 mg/100 g）的含量更高，而且具有广谱抗菌活性、抗氧化活性（DPPH EC_{50} = 7.01 mg/mL，ABTS EC_{50} = 12.75 mg/mL，还原力 AC_{50} = 4.3 mg/mL）和储存稳定性高的特点。这一研究证实了紫苏籽油的营养价值和生物活性，并证明了超临界 CO_2 流体萃取在食品行业中的应用潜力。

Jiao 等采用超临界 CO_2 对紫苏籽和紫苏叶进行共提取，得到了富含多酚的紫苏油。他们通过单因素分析和响应面法研究了操作条件对所得油性能的影响。在最佳条件下，油收率、DPPH 清除活性和 α-亚麻酸收率分别为（7.43±0.15）g/60 g、69.41%±1.17% 和 49.14%±1.38%，与预测值吻合较好。此外，共提取产物不仅总多酚含量高，还具有良好的氧化稳定性。

李玉邯等选择乙酸乙酯作为夹带剂，通过正交试验确定了超声辅助超临界 CO_2 流体萃取紫苏籽油的最佳工艺条件：超声时间为 25 min，超声水浴温度为 40 ℃，超声次数为 2 次，萃取温度为 40 ℃，萃取时间为 3 h，萃取压力为 20 MPa，原料粒度为 40 目。在此条件下，紫苏籽的出油率可达 43.8%。相比之下，不进行超声预处理的紫苏籽在相同条件下的出油率为 39.7%。这表明，超声预处理有利于提高紫苏籽的出油率。

目前，超临界流体萃取技术在食品行业中已有一定的应用，部分效果较好的已投入规模化工业生产。超临界流体萃取技术能够实现对植物功能性油脂的无损萃取。近年来，利用超临界技术从植物中提取生物活性物质或精油等成为食品行业中的研究热点。尽管超临界流体萃取技术在植物油脂的提取方面有较多优点，但在实际生产中，由于物料的复杂性，使用单一萃取剂效果不佳。因此，结合超声波破碎、超声波辅助、酶辅助或加入夹带剂等手段可以强化超临界流体萃取效果，并提升萃取率和产物纯度。在食品加工的应用过程中，应当根据实际情况选择合适的萃取方法。

超临界流体萃取技术的应用前景非常广阔，如何改进超临界流体萃取装置、优化萃取工艺将是下一步研究的核心。通过超临界流体萃取技术提取分离植物油脂等有效成分，开发高品质绿色产品具有非常好的前景。超临界流体萃取技术的革新，深入研究超临界过程所涉及的新概念、新理论及新技术将是今后食品行业的发展方向。不久的将来，超临界流体萃取技术在食品行业中将发挥更大的作用。

2.2 天然植物色素提取

色素分为天然色素和合成色素两大类。天然色素的应用历史悠久，我国古代就有使用天然色素作为纺织品染料、化妆品色料等的记载。自从 1856 年英国人帕金合成出第一种人工色素——苯胺紫以来，合成色素因其色泽鲜艳、着色力强、性质稳定且价格便宜等，开始在人们的日常生活中扮演重要角色。然而，随着毒理学和分析化学的不断发展，人类逐渐认识到多数合成色素品种对人体有较严重的危害，因此世界各国严格限制使用尚未明确安全性的合成色素品种，并且不少合成色素相继被各国从许可使用的名单中移除。因此，利用无毒无害的天然物质提取食用、化妆品和医用色素，成为当前的一个发展趋势。

天然色素来源于天然物质，现今主要从植物组织中提取。天然色素具有安全、健康的特点，许多还具有一定的营养价值和药理功能。天然色素的获取和生产主要有三条途径：一是直接提取；二是人工合成（这里提到的人工合成并非天然色素的主要获取方式）；三是利用生物技术生产。目前，绝大多数品种的天然色素都是采用直接提取方法生产的。色素的提取方法主要包括有机溶剂提取法、酶法、微波辅助萃取法、压榨法、粉碎法及微生物发酵法等。

有机溶剂提取法具有萃取剂便宜、设备简单、操作步骤简单易行，以及提取率较高等优点。然而，使用该方法提取的某些产品质量较差，纯度较低，有异味或溶剂残留，这些问题会影响产品的应用范围。

酶法主要利用植物中的纤维素、蛋白酶等，通过破坏植物的细胞壁来达到提取的目的。在使用这种方法时，许多因素（如 pH、酶解温度、时间等）都会影响植物提取率。

微波辅助萃取法是一种在密闭容器中用微波加热样品及有机溶剂，以从样品基体中提取待测物质组分的方法。它能够在短时间内完成多种样品组分的提取，具有溶剂用量少、结果重现性好等特点。尽管微波辅助萃取法在天然色素提取中已取得一定的成果，但由于其特性限制，应用范围受到了一定的影响。

传统的提取方法，如粉碎法、压榨法、有机溶剂提取法、回流法等，存在提取时间长、劳动强度大、原料预处理能耗高、热敏性组分易被破坏、生产的色素产品纯度差、有异味和溶剂残留等缺点，所以直接影响了天然色素的发展及应用。

对于人工合成法而言，由于生物合成代谢具有复杂性，许多天然色素物质很难在人工控制下通过化学合成获得。人工合成法通常只能生产极个别的具有天然色素化学组成和分子结构的物质，如胡萝卜素。

超临界流体萃取技术具有无溶剂残留、无环境污染、提取率高、产品纯度高，并能有效防止热敏性物质成分氧化和挥发的特点，能最大限度地保存天然产物的原有风味和营养，因此在天然色素提取方面展现出显著优势。通过调整操作条件，该技术能够实现对特定色素的高效提取，同时可以避免对原料中其他成分的破坏。

目前，在超临界流体萃取技术中，使用最普遍的溶剂是 CO_2。超临界 CO_2 流体萃取是近年来发展起来的一种物质分离、精制技术。该技术兼具气体黏度低、扩散度高、流体密度高、溶解度高的特点，所以在天然色素提取方面表现出色。

超临界 CO_2 流体萃取技术在天然色素提取方面已取得一定的成果，主要应用于提取异戊二烯衍生物（如胡萝卜素、叶黄素、辣椒红素、番茄红素、玉米黄素等）、四吡咯色素（如叶绿素）、酮类（如红曲素、姜黄素等）及醌类（如紫草素等）。

2.2.1　叶绿素提取

叶绿素是植物进行光合作用的主要色素，属于含脂的色素家族。叶绿素是镁卟啉化合物，其分子结构包含一个卟啉环的“头部”和一个叶绿醇的“尾巴”。

镁原子位于卟啉环的中央，偏向于带正电荷，而与之相连的氮原子则偏向于带负电荷，因而卟啉具有极性，是亲水的，可以与蛋白质结合。叶绿醇是由四个异戊二烯单位组成的双萜类化合物，是一个亲脂的脂肪链，决定了叶绿素的脂溶性。叶绿素能溶于乙醇、乙醚和丙酮等极性有机溶剂，但不溶于水。从结构来看，叶绿素分子不稳定，容易受到光、酸、碱、氧和氧化剂等的影响而分解。

叶绿素是一种非常好的天然解毒剂，可以中和日常食品中的防腐剂、添加剂和香精等有害物质，帮助排出体内积存的毒素；同时，它还能清除杀虫剂与药物残渣的毒素，并与辐射性等物质结合后排出体外，具有净化血液的作用。叶绿素不仅富含维生素，能够维持酶的活性，而且含有丰富的纤维素，有助于维持肠胃的健康。此外，叶绿素的抗氧化性物质还有助于抵抗自由基，增强身体的耐受能力。由于叶绿素的分子结构与人体内的血红素相似，在进入体内后，其中心的镁离子会被铁离子置换，成为人体新鲜的血液成分，从而有效加快体内细胞的新陈代谢，促进血液循环，抑制有害细菌的繁殖。同时，叶绿素还能缓解减肥瘦身过程中的体力匮乏，直接帮助人体补充气血。

采用传统溶剂提取工艺提取叶绿素存在溶剂残留和环境污染等问题，而超声波辅助萃取和微波辅助萃取的设备成本较高。此外，叶绿素的稳定性较差，容易受到光照、温度等因素的影响而变质。近年来人们的环保意识迅速提高，同时国家推出了可持续发展战略，因此研究、开发和采用新的叶绿素提取工艺与技术已是大势所趋。

近年来，超临界流体萃取技术最为引人注目。超临界 CO_2 流体萃取技术的本质特征在于用无毒、无残留的 CO_2 作为提取介质，并在接近室温的条件下进行萃取。其物理化学基础源于超临界流体的溶剂性质在很宽的范围内可以调控，只要简单地改变体系的温度或压力，就可以使溶质在超临界流体中的溶解度发生显著的变化，这为高选择性提取和分离及高质量产品提取提供了可能。该技术最大的优点在于将萃取、分离精制和去除溶剂等多个单元过程合为一体，大大简化了工艺流程，提高了生产效率，并且具有绿色环保的特性。

吴浩对超临界流体萃取毛竹叶中的叶绿素进行了深入研究。研究发现，萃取压力、萃取温度、萃取时间、原料粉碎度、夹带剂用量及流量都对叶绿素收率有显著影响。最佳萃取工艺条件如下：萃取压力为 27 MPa，萃取温度为 50 ℃，萃取时间为 80 min，原料粉碎度为 60 目，以 10% 无水乙醇为夹带剂，CO_2 流量为 60 g/L。在此操作条件下，叶绿素的收率可以达到 3.53%。此外，当 pH 为 6～9 时，叶绿素的稳定性较好。吴浩还评估了金属离子 Fe^{3+}，Zn^{2+}，Cu^{2+} 对毛竹叶中叶绿素稳定性的影响，发现毛竹叶中的叶绿素对 Fe^{3+} 稳定性较好。

Allan Morcelli 使用超临界 CO_2 流体萃取技术，以 8.0% v/v 的乙醇为夹带剂，从微藻中提取叶绿素。其操作条件如下：温度范围为 50～52 ℃，压力为 30 MPa 或更高，以最大限度地提高收率。

Maëlle Derrien 等研究了超临界 CO_2 流体萃取参数对从菠菜中提取叶黄素和叶绿素的影响，并确定最佳提取参数如下：温度为 56 ℃，提取时间为 3.6 h，压力为 39 MPa，以 10% 无水乙醇为夹带剂。在此条件下，叶黄素的产率为 72%，叶绿素的产率为 50%。

Macías-Sánchez 等比较了超临界 CO_2 流体萃取和超声波辅助萃取这两种技术对杜氏藻叶绿素提取的影响。超声波辅助萃取使用的溶剂为 N，N-二甲基甲酰胺和甲醇，而超临界流体萃取则使用 CO_2 作为溶剂。研究结果表明，当使用甲醇作为溶剂时，超临界流体萃取过程与超声波辅助萃取效果相当，并且在选择性上优于超声波辅助萃取。

2.2.2　胡萝卜素提取

胡萝卜素是一种生理活性物质，在动物体内能够转化为维生素 A，对于治疗夜盲症、干眼病和上皮组织角化症有很大的帮助，同时对细胞膜的稳定性也有积极的影响。其中，β-胡萝卜素在胡萝卜素中分布最广、含量最高。β-胡萝卜素不溶于水和醇，但易溶于苯、氯仿、二硫化碳等有机溶剂。然而，β-胡萝卜素易氧化，在光、热或酸性条件下容易异构化，这直接影响其溶解度和口服生物利用度。

目前，从天然植物中萃取 β-胡萝卜素的主要技术是使用有机溶剂进行提取。常用的有机溶剂包括甲醇、无水乙醚、石油醚、丙酮，以及石油醚-丙酮混合溶剂。然而，使用大量有机溶剂会带来不同程度的污染问题，且这些溶剂不易回收，纯化分离工艺也相对复杂。

近年来，大量文献表明采用超临界流体萃取技术提取 β-胡萝卜素能够大大提高其产率。尤其是因为超临界 CO_2 流体萃取技术具有无毒、无害、无残留、无污染、避免产物氧化和萃取温度低等优点，特别适合食品生物活性物质、热敏性物质的分离提取。

Vincenzo Larocca 使用超临界 CO_2 从红酵母（菌株 ELP2022）中提取类胡萝卜素，并与使用有机溶剂的传统技术进行了比较。在 30 MPa，40 MPa 和 50 MPa 下进行超临界 CO_2 流体萃取，同时保持恒定的 CO_2 流速（6 mL/min）和温度（40 ℃），提取的类胡萝卜素分别为（60. 8±1. 1）μg，（68. 0±1. 4）μg 和（67. 6±1. 4）μg。通过比较发现，最佳萃取压力为 40 MPa。添加乙醇作为夹带剂可以增加类胡萝卜素的提取率，将温度从 40 ℃增加到 60 ℃对提取率没有显著影响，且提取物无溶剂残留。

Viloria-Pérez Natalia 等应用超临界流体萃取技术从蜂花粉中提取类胡萝卜素，采用的工艺条件如下：萃取压力为 28 MPa，萃取温度为 60 ℃，气流为 5 L/min，萃取时间为 6 h。在此条件下获得了富含类胡萝卜素的油状蜂花粉提取物，该提取物中每克类胡萝卜素中 β-胡萝卜素的含量为 385 ~6 942 μg。

蔡晓湛对超临界 CO_2 流体萃取 β-胡萝卜素浓度及总量的工艺参数进行了研究，发现萃取压力是影响最显著的因素。此外，蔡晓湛还对 β-胡萝卜素的热稳定、光稳定情况进行了研究。结果表明，在密封、避光的条件下，β-胡萝卜素对热相对稳定。无论是采用低温长时间（Low Temperature Long Time，LTLT）还是高温短时间（High Temperature Short Time，HTST）的巴氏杀菌，对 β-胡萝卜素的影响均较小。因此，在实际生产中，可以考虑采用巴氏杀菌对含 β-胡萝卜素的产品进行杀菌处理。光照对 β-胡萝卜素有明显的破坏作用，相比之下，室内自然光及置于暗处对其影响较小。因此，β-胡萝卜素的后期存储和运输过程应尽量避光。研究还表明，使用超临界 CO_2 流体萃取技术从胡萝卜中萃取 β-胡萝卜素的最优工艺条件如下：萃取压力为 25 MPa，萃取温度为 50 ℃，CO_2 流量为 13 kg/h，萃取时间为 3. 5 h。在此条件下最大萃取纯度为 3. 012 mg/g，每 100 g 新鲜胡萝卜中最多可萃取 0. 514 mg 的 β-胡萝卜素。

2.2.3　番茄红素提取

番茄红素属于异戊二烯类化合物，是类胡萝卜素的一种，是植物中所含的一种天然色素，主要存在于茄科植物西红柿的成熟果实中。它被认为是自然界植物中最强抗氧化剂之一。番茄红素不仅具有很好的抗氧化保健功效，还对“三高”、心脑血管疾病、男性前列腺疾病、女性乳腺疾病及肿瘤等具有良好的改善作用。此外，它还具有清除体内自由基、调节新陈代谢、延缓衰老、增强免疫力、改善睡眠等功效。

番茄红素是脂溶性色素，可溶于脂类和非极性溶剂中，但不溶于水，且难溶于强极性溶剂（如甲醇、乙醇等），能溶于脂肪烃、芳香烃和氯代烃（如乙烷、苯、氯仿等）有机溶剂。

番茄红素常见的生产工艺有以下三种：

（1）有机溶剂提取法：由于番茄红素不溶于水，可溶于某些有机溶剂，因此可利用亲油性有机溶剂提取。然而，这种工艺产出的番茄红素纯度较低，且存在化学溶剂残留的问题。

（2）生物及化学合成法：通过生物及化学材料或溶剂经过生化反应生成番茄红素。这种方法成本极低，但存在大量的化学残留，且番茄红素的活性较差。

（3）超临界 CO_2 流体萃取法：采用超临界 CO_2 流体萃取技术生产番茄红素。虽然这种方法成本高、工艺复杂，但产出的番茄红素质量优异，纯度高。

Mouna Kehili 等采用超临界 CO_2 流体萃取技术从番茄加工副产品——番茄皮中提取番茄红素。实验在温度为 50 ~ 80 ℃、压力为 30 MPa ~ 50 MPa 以及 CO_2 流速为 3 ~ 6 g/min 的条件下进行，萃取时间为 105 min。结果显示，番茄红素的相对提取率为 32.02% ~ 60.85%。研究还发现增加超临界流体萃取的温度、压力和 CO_2 流速可提高番茄红素的萃取率。

Shi John 等研究了番茄红素在超临界 CO_2 中的溶解度，并指出超临界 CO_2 流体的溶解能力对温度和压力敏感，通过调整提取参数可以获得尽可能高的产量。他们使用 50 ~ 80 ℃的温度范围和 20 MPa ~ 40 MPa 的压力范围来测量超临界流体萃取过程中番茄加工残渣材料中番茄红素的溶解度。他们通过比较实验方法和建模结果，确定了番茄红素在超临界 CO_2 中有高溶解度时的温度在 60 ℃和 70 ℃。

Sheetal M. Choudhari 和 Rekha S. Singhal 研究了温度、压力、萃取时间对采用超临界 CO_2 流体萃取技术从三孢布拉霉菌菌丝体中提取番茄红素的影响。他们使用丙酮作为夹带剂，发现番茄红素的提取率很高。夹带剂的加入使番茄红素的提取率从 73% 提高到 85%。通过优化参数，包括温度（45 ~ 65 ℃）、压力（30 MPa ~ 40 MPa）和萃取时间（1 ~ 2 h），在 CO_2 固定流速为 1 mL/min 和夹带剂为 1 mL/g 生物量的条件下，确定了最佳条件为在 52 ℃和 34.9 MPa 下萃取 1.1 h，此时番茄红素的提取率可达到 92%。

2.2.4 花青素提取

花青素，又称花色素，是自然界中广泛存在于植物中的水溶性多酚黄酮类化合物，由花色苷水解而得的有颜色的苷元。水果、蔬菜、花卉中的主要呈色物质大部分与之相关。在植物细胞液泡内不同的 pH 条件下，花青素使花瓣呈现出五彩缤纷的颜色。花青素的基本结构是由两个苯环通过一个吡喃环连接而成，具有多个羟基、甲氧基等取代基，这些取代基的不同组合使得花青素呈现出多种颜色和生物活性。花青素经由苯基丙酸路径和生物类黄酮合成途径生成，由许多酵素调控催化。

在自然状态下，花青素主要以糖苷形式存在，游离的花青素极少见。花青素主要包括天竺葵色素、矢车菊素、花翠素、芍药花苷配基、矮牵牛苷配基及锦葵色素六种非配糖体。花青素可预防癌症、增进视力、清除体内有害的自由基、改善睡眠、增强血管弹性及改善血液循环等。研究证明，花青素是当今人类发现的最有效的抗氧化剂，其抗氧化性能比维生素 E 高出 50 倍，比维生素 C 高出 20 倍。

提取花青素的方法主要有三种：有机溶剂萃取法、水溶液提取法、超临界流体萃取法。

有机溶剂萃取法是目前国内外使用非常广泛的提取方法。该方法多选择甲醇、乙酮、丙酮等混合溶剂对材料进行溶解过滤，并通过调节溶液酸碱度萃取滤液中的花青素。目前，有机溶剂萃取法已成功应用于诸如葡萄籽、石榴皮、蓝莓等含花青素物质的提取分离。其关键在于选择有效溶剂，要求既能充分溶解被提取的有效成分，又要避免大量杂质的溶解。该方法原理简单，对设备要求较低，不足之处在于多数有机溶剂毒副作用大，且产物提取率较低，同时存在毒性残留和环境污染问题。

鉴于有机溶剂萃取法有局限性，水溶液提取法应运而生。该方法通常先将植物材料在常压或高压下用热水浸泡，然后使用非极性大孔树脂进行吸附；或者先直接使用脱氧热水提取，再经过超滤或反渗透等步骤，最后经过浓缩得到粗提物。这是由 Duncan 和 Gilmour 发明的提取花青素的方法，此方法对设备要求较低，产品纯度也相对较低。

与传统方法相比，超临界流体萃取法具有显著优势。超临界 CO_2 被认为是从植物原料中选择性提取可溶性化合物的理想溶剂。CO_2 无毒、安全、不易燃、易得，并且易于纯化分离，同时不会导致生物化合物发生较大的化学变化，从而保留其生物特性。然而，由于超临界 CO_2 是一种非极性溶剂，对非极性或低极性化合物溶解度较好，因此用于提取花青素等极性化合物时存在局限性。在这种情况下，可以添加夹带剂来提高其对花青素的溶解度。超临界流体萃取法利用压力和温度对超临界流体溶解能力的影响进行提取，产品提取率高，但设备成本过高。

Idham 等研究了不同流量、粒径和夹带剂配比对芙蓉花青素超临界 CO_2 流体萃取的影响，他们以75%（v/v）乙醇为夹带剂，在常压、恒温和压力为10 MPa、温度为70 ℃的条件下分别进行了超临界 CO_2 流体萃取。结果表明，在确定流速时，120 min 是有效的提取时间。在所研究的参数中，采用低流速（4 mL/min）、较小的粒径（200～355 μm）和高夹带剂百分比（10%）可以获得含量更高的花青素。

Idham 等使用超临界 CO_2 从洛神花花萼中分离花青素。同时使用响应面法的三因素设计研究了压力、温度和夹带剂比例（乙醇-水）这三个工艺参数。最佳操作条件如下：压力为27 MPa，温度为58 ℃，夹带剂比为8.86%。在此条件下，花青素提取率比传统固液萃取高2倍，得到了深红色的富含花青素的提取物。

Paes Juliana 等的研究表明，在超临界流体萃取中使用乙醇和水作为夹带剂可以提高花青素的萃取率。最佳条件是使用90%的 CO_2、5%的水和5%的乙醇，在温度为40 ℃、压力为20 MPa 和流量为10 mL/min 下进行提取。

Pereira 等比较了超临界流体萃取法和液相微萃取法在花青素萃取中的应用。超临界流体萃取提取物是在 23 MPa、45 ℃和 0.3 kg/h 的 CO_2 流量下，使用乙醇作为夹带剂以 0.09 kg/h 的流速获得的。结果显示，超临界流体萃取提取物的产率高于液相微萃取的产率，液相微萃取提取物表现出更高水平的抗氧化能力。

2.2.5　姜黄素提取

姜黄中有超过 100 种成分，其中具有生物活性且被认为是姜黄功效的主要来源的成分为姜黄素和它的两种衍生物（去甲氧基姜黄素和双去甲氧基姜黄素）。这三种成分统称为类姜黄素。类姜黄素在姜黄中大约占 4%，而姜黄素则占类姜黄素的 70%。姜黄素味辛辣，不溶于水，但易溶于乙醇、丙酮、碱液等溶剂中，并且对 pH 敏感，在碱性条件下会呈现红褐色，而在中性和酸性条件下则呈现黄色。

基于传统医学的记载，研究人员在体外实验和动物实验中发现，姜黄素和类姜黄素具有抗氧化、抗炎症、缓解风湿和关节炎、改善代谢（如血压、血糖、血脂）、改善神经和认知功能、增强运动表现、抑制癌细胞、保护肝脏和心血管、抗细菌、抗病毒、抗真菌等效果。

对于姜黄素的提取方法，传统或经典方法包括索氏提取法、渗滤法、酸碱法、水杨酸钠法等，而现代或非常规方法则包括超临界流体萃取法、超声波辅助萃取法、酶辅助萃取法、微波辅助萃取法和加压液体萃取法。相较于传统方法，现代方法（如超临界流体萃取法）具有显著优势：第一，不仅可以缩短提取时间和减少有机溶剂的消耗，还采用乙醇、水和 CO_2 等绿色溶剂，工业生产对环境污染较小，且经济上可行；第二，通过优化特定响应的提取工艺参数，可以获得纯度更高的生物活性化合物提取物。

Sharma Abhinav 研究了使用超临界流体萃取法对姜黄和椰子干丝进行共提取。通过中心复合设计和响应面法，超临界流体萃取共提取的最佳参数为 35 MPa/65 ℃/20 min，产率为 45 mg/g，姜黄素（包括姜黄素、去甲氧基姜黄素和双去甲氧基姜黄素）的总含量为 723 μg/g。超临界流体萃取共提取物在 MCF-7（乳腺癌症）和 Caco-2 细胞系中显示出良好的体外抗癌活性。

罗海等使用超临界 CO_2 流体萃取法提取姜黄中的有效成分姜黄素。通过正交试验，他们探讨了原料粒度、萃取压力、萃取温度、萃取时间、CO_2 流量及夹带剂（95%的乙醇）用量等因素对姜黄素提取效果的影响。最佳提取工艺条件如下：夹带剂用量为1 mL/g，萃取压力为35 MPa，萃取温度为40 ℃，萃取时间为3 h，CO_2 流量为30 L/h。在此条件下进行重复实验，得出姜黄素含量为14. 317 mg/g。

罗红霞等使用传统的乙醇回流法提取姜黄素，含量为5. 69 mg/g。与该法相比，采用超临界 CO_2 流体萃取法提取姜黄素的效果更好。超临界 CO_2 流体萃取法不仅操作简单、安全可靠，而且科学环保，是一种理想的提取分离方法。

2.3 啤酒花油提取

酒花始用于德国，学名为蛇麻。《本草纲目》中将酒花称为蛇麻花。古人曾将酒花作为药材使用。啤酒花是啤酒生产工业中不可或缺的原料之一，其品质直接关系到啤酒的口感。啤酒花主要含有树脂、多酚类化合物、挥发性风味成分等化学成分。其中，啤酒花的苦味主要来源于树脂成分，这些树脂主要由α-酸（主要是葎草酮）和β-酸（主要是蛇麻酮）类物质组成。酒花油是啤酒花蛇麻腺中除酒花树脂外的一种分泌物，是啤酒花香味的主要来源，主要由含氧化合物、含硫化合物和萜烯类碳氢化合物组成，其中月桂烯、α-葎草烯及其异构体β-石竹烯的含量较为丰富。多酚类物质是影响啤酒风味和浑浊度的主要成分，而挥发性成分不仅能赋予啤酒独特的芳香，还能杀死啤酒生产过程中产生的乳酸菌和丁酸梭菌，抑制啤酒腐败变质。此外，单宁等多酚类物质可以提高啤酒的澄清度和稳定性。

啤酒花未成熟带花果穗可入药，味苦，微凉，无毒，具有健胃消食、利尿安神的功效，主治消化不良、腹胀、浮肿、膀胱炎、肺结核、咳嗽、失眠、麻风病等病症。除了用于酿造啤酒，啤酒花还可用于食品加工，是一种优质的发酵剂。利用啤酒花制作的酵母和面包既能防腐，又能延长存储期。在食品行业，啤酒花有着广泛的应用和重要的经济价值。

提取含油植物基质的最传统的方法有水蒸气蒸馏法和有机溶剂萃取法。然而，水蒸气蒸馏法会因高温条件而影响最终产品的质量，而有机溶剂萃取法则需要通过纯化分离去除残留有毒的溶剂。通过有机溶剂萃取法获得的啤酒花提取物通常仅包含啤酒花球果中一小部分的精油，大部分精油在分离过程中损失了。作为传统萃取的替代方案，超临界 CO_2 流体萃取具有显著优势，如溶剂无毒易于去除，且黏度低，能够更好地渗透到植物的内部，并且能在适宜的温度下进行。此外，通过调整温度或压力，还可以选择性提取生物活性组分。

Sérgio Carlos Kupski 等在不同温度和压力条件下对啤酒花颗粒进行超临界 CO_2 流体萃取。所得产率范围为 1.2%（10 MPa，55 ℃）~7.1%（20 MPa，55 ℃）。当压力增加到 20 MPa 以上时，产率并没有显著增加。最佳工艺条件如下：萃取压力为 20 MPa，萃取温度为 55 ℃。利用气相色谱-质谱联用（Gas Chromatography-Mass Spectrometry，GC-MS）分析提取物可以发现，最丰富的化合物是蛇麻酮。

Pinto Mariana Barreto Carvalhal 等评估了萃取压力（15 MPa，20 MPa，25 MPa 和 30 MPa）和萃取温度（40 ℃和 60 ℃）对巴西啤酒花油的提取率的影响。在温度为 60 ℃和压力为 30 MPa（超临界 CO_2 密度为 830.33 kg/m^3）的条件下实现了最大收率（8.6% ± 0.3%）。萃取动力学研究表明，在温度为 40 ℃和压力为 20 MPa 的条件下提取率为 7.78% ± 0.05%，α-酸的产量为（4.0±0.2）g/100 g 巴西啤酒花油，β-酸的产量为（4.0±0.2）g/100 g 巴西啤酒花油。较低的温度和压力不仅有利于设备管理与控制，还可以降低能耗。当溶剂成本和萃取时间增加时，并不会显著增加提取率和目标化合物的收率。因此，巴西啤酒花油的提取可以在 40 min 时停止。

Van Opstaele 等提出了一种从啤酒花颗粒中选择性分离啤酒花油的方法，该方法主要使用适当密度的超临界 CO_2 流体萃取技术。他们实验了不同的温度-压力组合从啤酒花颗粒中提取啤酒花油的效果。从选择性和定量提取啤酒花油的角度来看，0.50 g/mL（50 ℃，110 atm）的工艺条件被认为是最优的。这种新型啤酒花香气产品与啤酒基质完全兼容，当添加到啤酒中时，可以赋予啤酒令人愉快的酒花特性，并增加啤酒的苦味和口感。

2.4　咖啡因提取

咖啡因是一种从茶叶、咖啡果等植物中提炼出来的生物碱，并且主要通过饮用或食用咖啡、茶、巧克力糖、软饮料等方式进入人体。咖啡因（1，3，7-三甲基黄嘌呤）是一种生物碱，通常用作精神活性药物，并充当中枢神经系统兴奋剂。中等剂量（50～300 毫克/天）可提高警觉性、缓解疲劳、改善情绪、减轻抑郁症状，以及降低自杀风险。较高的摄入量会引发负面影响，如焦虑、不安、失眠和心动过速，这些现象主要发生在对咖啡因敏感的个体中。此外，较高剂量的咖啡因对孕妇、幼儿、服用口服避孕药的女性和患有肝病的人会产生毒性作用。因此，孕妇应避免食用含有过多咖啡因的食物和饮料。由于胎儿无法代谢嘌呤生物碱，因此积累的高浓度咖啡因会危害发育中的胎儿。

脱咖啡因应最大限度地保护茶叶中的有价值的成分。确定最合适的提取方法来保护脱咖啡因茶的质量和安全至关重要。各种提取方法，如溶剂提取、热水提取、超声波辅助萃取、微波辅助萃取、加速溶剂提取和超临界流体萃取，已被用于从茶、咖啡或其他咖啡因天然产物中去除咖啡因。传统的提取方法（如溶剂提取）非常耗时，且需要相对大量的溶剂来从茶或其他含咖啡因的产品中去除咖啡因。在提取过程中，不仅咖啡因，而且大量其他有价值的茶成分，如多酚，也可能被溶剂去除。此外，由于传统方法的提取时间长和应用温度高，因此有价值的成分会被破坏。

超临界 CO_2 流体萃取作为一种先进的分离萃取技术，具有溶解能力强、传质性能好等显著优点。该方法操作条件灵活、参数范围可调、可以在低温下工作、易于后处理，且清洁、安全、不易燃、无毒、环保。此外，其能耗低于传统溶剂提取方法。由于超临界 CO_2 流体萃取具有较高的扩散系数和较低的黏度，以及快速渗透能力、高选择性、可回收性和安全性等优点，因此已取代有机溶剂广泛应用于食品行业中。

当物质的温度和压力超过其临界值时，就会达到超临界状态。超临界流体兼有气体和液体的特性。超临界流体的较高密度对化合物的溶解有积极影响，而低黏度则会增加对固体的渗透率。加压 CO_2 通常被用作超临界溶剂，液态 CO_2 的临界状态温度仅为 31. 1 ℃，压力为 7. 38 MPa，相应的临界密度为 0. 466 g/mL。此外，使用 CO_2 可保护产品质量，是处理热敏成分的理想选择。该过程结束时，CO_2 和提取物很容易通过萃取器的减压而分离。使用超临界 CO_2 去除咖啡因的茶，仍然保持抗氧化成分，不改变原茶的风味，且无化学残留。

Ilgaz Saziye 等使用超临界 CO_2 流体萃取技术脱除红茶中的咖啡因。在实验中，他们将压力（25 MPa，37. 5 MPa，50 MPa）、萃取时间（60 min，180 min，300 min）、温度（55 ℃，62. 5 ℃，70 ℃）、CO_2 流量（1 L/min，2 L/min，3 L/min）和夹带剂（选择 0 mol%，2. 5 mol%，5 mol%）作为萃取参数。他们采用 Box-Behnken 类型的三水平五因素响应面法实验设计，以生成 46 种不同的加工条件。在两种提取条件下，红茶中的咖啡因被 100% 去除。一种工艺参数如下：压力为 37. 5 MPa、温度为 62. 5 ℃、萃取时间为 300 min、CO_2 流量为 2 L/min，夹带剂浓度为 5 mol%。另一种工艺参数采用相同的温度、压力和萃取时间，但 CO_2 流量为 3 L/min，夹带剂浓度为 2. 5 mol%。实验结果显示，萃取时间、压力、CO_2 流量和夹带剂浓度对脱除咖啡因的影响较大。

Park Hyong Seok 等也通过响应面法来优化超临界 CO_2 流体萃取技术脱除绿茶中咖啡因的工艺。他们的目标是最大限度地去除咖啡因。实验结果表明最佳工艺条件如下：每 100 g CO_2 使用 3. 0 g 95%（v/v）乙醇作为夹带剂，萃取压力为 23 MPa，萃取温度为 63 ℃，萃取时间为 120 min（对于 10 g 绿茶）。在此条件下，咖啡因提取率可达到 96. 60%（w/w）。

综上所述，超临界流体萃取技术作为一种绿色的萃取方法，在食品、药品、生物等领域得到了广泛应用。在食品行业，国内外已经有大量关于超临界流体萃取技术的研究，其中部分研究成果已成功投入工业化生产。面对日益复杂的食品基质，将超临界流体萃取技术与其他提取技术相结合，不仅可以开发出更加有效的提取纯化方法，还可以使工艺参数符合工业生产的要求。随着基础实验研究的不断深入，超临界流体萃取技术必将在更广泛的领域得到应用。

第3章　超临界 CO_2 流体萃取技术在制药行业中的应用

超临界流体萃取是一种先进的萃取分离技术。它利用超临界流体作为萃取剂，从液体或固体中高效地萃取出特定成分。超临界流体萃取技术在制药行业展现出广阔的应用前景。

在药物提取领域，利用超临界流体萃取技术能够有效地提取中药材中的有效成分，如挥发油、生物碱、黄酮类化合物等。相较于传统的提取方法，超临界流体萃取技术具有提取率高、提取时间短、提取温度低等优点，可以最大限度地保留原料中的有效成分，提高药物的纯度和活性。此外，超临界流体萃取技术还可用于制备药物纳米粒子、药物载体等，为药物的控释和靶向输送提供了新的途径。

超临界流体萃取技术在制药行业的应用前景极为广阔。它不仅能够提高药物的提取率和纯度，还有助于减少环境污染和对药物活性的破坏。随着人们对药物安全和环保要求的不断提高，超临界流体萃取技术将在药物成分的提取等领域发挥更加重要的作用。同时，随着对超临界流体萃取技术的深入研究和应用拓展，相信会涌现出更多创新的药物剂型和生产工艺，为制药行业的可持续发展注入活力。

3.1　中药有效成分提取

中药作为中国传统医学的重要组成部分，其提取过程一直备受关注。近年来，超临界 CO_2 流体萃取技术作为一种新型的萃取方法，在中药有效成分提取中得到了广泛应用。本节将重点探讨超临界 CO_2 流体萃取技术在中药有效成分提取中的应用。

传统的中药有效成分提取方法主要以水和有机溶剂为溶媒，在较高温度下长时间提取。然而，这种方法存在许多问题，如有效成分的损失、分解、变化，以及有机溶剂残留等。

超临界 CO_2 流体萃取技术利用超临界 CO_2 的溶解度特性，将目标物质从混合物中分离出来。超临界 CO_2 具有高溶解力和高扩散性，能够根据物质的不同性质进行高效分离。

在中药有效成分提取中，超临界 CO_2 流体萃取技术具有显著的优势。首先，该技术具有较高的选择性和提取率，能够更好地保留中药的有效成分，提高药材的质量和稳定性。其次，该技术具有环保和安全的特点，可以避免使用有机溶剂，所以可以减少环境污染，降低溶剂残留的风险。

超临界 CO_2 流体萃取技术可用于提取中药中的多种有效成分，如黄酮、生物碱、挥发油等。与传统的提取方法相比，该技术能够更好地保留有效成分，同时降低杂质的影响，还能在较低的温度和较短的时间内完成提取过程，进一步提高提取率。

超临界 CO_2 流体萃取技术在中药有效成分提取中的应用前景广阔。随着技术的不断进步和完善，该技术有望在中药产业的各个方面发挥更大的作用，推动中药产业的可持续发展。

3.1.1 生物碱提取

生物碱是人类对植物药中有效成分研究最早且较多的一类成分。从 19 世纪德国药剂师 F. W. A. Serturner 从鸦片中分离出吗啡碱以来，迄今为止，从自然界中分离出的生物碱大约有 10 000 种。植物中存在的生物碱大多具有明显的生理活性，对其化学结构的研究为合成药物提供了线索。例如，植物古柯中的有效成分古柯碱虽具有很强的局部麻醉作用，但毒性较大，易成瘾。化学合成工作者通过对其结构进行改造，得到了普鲁卡因。与古柯碱相比，普鲁卡因的结构简单，毒性也较低，现已成为临床广泛使用的局部麻醉药物。

生物碱多具有生物活性，常为许多药用植物的有效成分。例如，鸦片中的吗啡碱具有镇痛作用，可待因具有止咳作用；麻黄中的麻黄碱具有平喘作用；黄连、黄柏中的小檗碱具有抗菌消炎作用；长春花中的长春新碱、喜树中的喜树碱等则具有很好的抗肿瘤作用。

生物碱是指一类来源于生物界的含氮有机化合物，在植物界分布较广。茶树体中主要是嘌呤类生物碱，也有少量嘧啶类生物碱。根据生物碱的基本结构，目前可将其分为 60 类左右。下面列举一些主要的生物碱类型：有机胺类生物碱、吡咯类生物碱、哌啶类生物碱、托品类生物碱、喹啉类生物碱、吖啶酮类生物碱、异喹啉类生物碱、吲哚类生物碱、咪唑类生物碱、喹啉酮类生物碱、嘌呤及黄嘌呤类生物碱、萜类生物碱、甾体类生物碱、胍盐类生物碱。

生物碱多数以盐的形式存在（以有机酸盐为主，少数为无机酸盐），少数以游离形式存在（主要是碱性极弱的生物碱，如酰胺类生物碱），其他则以酯、苷及氮氧化合物的形式存在（如乌头碱、氧化苦参碱）。大多数生物碱几乎不溶或难溶于水，但易溶于氯仿、乙醚、酒精、丙酮、苯等有机溶剂。生物碱也能溶于稀酸的水溶液形成盐类。生物碱的盐类大多溶于水。麻黄碱既溶于水，也溶于有机溶剂。另外，烟碱、麦角新碱等在水中也有较大的溶解度。生物碱一般无色、味苦，部分生物碱有毒性。

生物碱常见的提取方法有以下几种：

1. 水提取法

水提取法直接以水作为溶剂，并采用最佳的提取工艺来提取生物碱。此法操作简便，成本较低，但提取次数多，水用量大。

2. 酸水提取法

对于碱性较弱不能直接溶解于水的生物碱，可以采用偏酸性的水溶液，使生物碱与酸作用生成盐来达到提取目的。酸水提取法一般使用 0.1% ~1% 的硫酸、盐酸或醋酸，大多采用冷提（如渗滤法、冷浸法），很少加热。这种方法的缺点在于提取液消耗量大，所以提取液浓缩难度大；同时会将药材中的水溶性杂质提取出来，如皂苷、蛋白质、糖类、鞣质及水溶性色素。

3. 碱水提取法

对于化学结构独特、化学性质与一般生物碱不同且在酸性或中性条件下不稳定的生物碱，可以采用碱水提取法。与原有的以乙醇作为溶剂的渗滤提取法相比，使用稀 NaOH 溶液不仅成本低，而且可以避免防火等级高、提取时间长、能耗大等问题。

4. 有机溶剂提取法

甲醇和乙醇为亲水性溶剂，其分子较小，易于渗透植物组织，生物碱游离或成盐均可以被溶解。乙醇提取法在生物碱的提取中应用较为普遍，如游离生物碱及其盐类一般采用乙醇提取法。工业生产中常用 95% 的乙醇（甲醇毒性比乙醇毒性大，不宜大量使用）。在操作时，可进行加热回流提取 2 ~ 3 次或用渗滤法在室温下提取，回收提取液或渗滤液中的乙醇，就能得到生物碱浸膏。其他有机溶剂法则是根据相似相溶原理，对不同性质的生物碱选取最佳的有机溶剂进行提取。可采用单一有机溶剂进行分步提取，用不同溶剂提取不同成分；也可采用混合溶剂、反应溶剂进行提取。有机溶剂提取法的缺点是提取物中含较多的脂溶性杂质。

5. 水蒸气蒸馏法

挥发性生物碱（如麻黄碱）可用水蒸气蒸馏法提取。

6. 升华法

咖啡碱可采用升华法提取。

7. 溶剂沉淀法

溶剂沉淀法（酸提取碱沉淀法）利用生物碱（游离或成盐）难溶于水而产生沉淀的原理进行提取，适用于提取碱性较弱的生物碱。

8. 盐析法

盐析法利用生成难溶于水的 ALK 盐而沉淀。即将水提液加饱和盐水盐析，使生物碱或盐类沉淀析出，适用于提取中等及弱碱性的生物碱。

9. 雷氏铵盐沉淀法

季铵类生物碱极易溶于水，用碱化或盐析的方法一般不易得到沉淀。由于它们在有机溶剂中溶解度不大，因此不便应用溶剂提纯法。雷氏铵盐沉淀法常用雷氏铵盐沉淀剂，使其与生物碱结合为雷氏复盐，难溶于水而沉淀析出。

10. 超临界 CO_2 流体萃取法

超临界 CO_2 流体萃取技术在生物碱提取分离方面具有以下优点：低温、快速、收率高、产品品质好、成本低，特别适用于资源稀缺、疗效显著、剂量小且附加值高的产品。该技术可广泛应用于多种生物碱的提取，如人参、灵芝、乌头类生物碱等。此外，利用该技术还能从多种植物中萃取药效成分，如从红豆杉树皮和枝叶中萃取紫杉醇，从银杏叶、洋葱中萃取防治心血管疾病的有效成分等。

（1）有机胺类生物碱提取。有机胺类生物碱是指氮原子不结合在环状结构内的一类生物碱，如麻黄碱、益母草碱、秋水仙碱等。其中，麻黄碱的左旋结构具有平喘作用，秋水仙碱具有抗癌作用，辣椒碱具有抗风湿作用，益母草碱能够增加子宫紧张性和节律性。

李新社和王志兴分别采用有机溶剂与超临界 CO_2 流体萃取从百合中提取秋水仙碱，并利用高效液相色谱法（High Performance Liquid Chromatography，HPLC）测定提取物中秋水仙碱的含量。他们研究了夹带剂、萃取压力、萃取温度对萃取效果的影响，并对两种方法进行了比较。研究结果表明：采用超临界 CO_2 流体萃取法提取秋水仙碱的效果较好，而有机溶剂提取法的效果较差。在百合经氨水碱化后，于 40 ℃和 18 MPa 的条件下，使用乙醇作为夹带剂，当采用超临界 CO_2 流体萃取法提取秋水仙碱时，秋水仙碱的浓度可从 0.049% 升高到 6.38%。

Ellington 等使用最佳萃取条件（密度为 0.90 g/mL、压力为 24.7 MPa、CO_2 流速为 1.5 mL/min，以 3% 的甲醇作为夹带剂，在 35 ℃下静态萃取 25 min，动态萃取 30 min），得到的秋水仙碱、3-去甲基秋水仙碱和秋水仙苷混合物的总提取率为 1.2%。在传统方法中，他们使用了索氏提取和石油醚提取两种方法，首先去除油脂，然后在室温下使用甲醇与水（95∶5）的混合物在 24 h 内去除残留物，最后将混合物在超声波浴中超声处理 3 次，每次 30 min。经过这个漫长的过程，他们获得了含有秋水仙碱（0.85%）、3-去甲基秋水仙碱（0.1%）和秋水仙苷（0.57%）的混合物，总提取率为 1.5%。

相比传统方法，采用超临界流体萃取法可以获得几乎相同提取率的秋水仙碱混合物，且超临界流体萃取法是一种绿色提取方法，比传统方法更有效、更快速、更环保。

（2）哌啶类生物碱提取。哌啶类生物碱是一类以哌啶环为母体结构的生物碱，来源于赖氨酸代谢途径。这类生物碱包括吡啶、哌啶、吲哚里西啶、喹诺里西啶四类。

吡啶类生物碱常呈液态，如烟草中的主要成分烟碱；八角枫中有使肌肉松弛的毒藜碱；蓖麻中有损害肝、肾的蓖麻碱。

哌啶类生物碱广泛分布于胡椒科、菊科、豆科、茜草科、茄科、百合科等植物中。毒芹碱有剧毒，胡椒碱有抗惊厥和镇静作用，槟榔碱有杀虫作用，山扁豆碱有抗菌活性，山梗菜碱有加快呼吸的作用。

吲哚里西啶类生物碱具有较强的生物活性，如糖苷抑制活性、抑制病毒复制、抑制肿瘤细胞迁移和诱导肿瘤细胞凋亡等。例如，从大戟科一叶荻属植物中可得到具有中枢兴奋作用的一叶荻碱，从娃儿藤属植物中可分离得到具有抗癌活性的娃儿藤碱等。

喹诺里西啶类生物碱则以苦参碱为代表，苦参碱不仅被开发成药品用于临床，还在农业病虫害防治方面发挥了重要作用。这类生物碱主要分布于豆科、小檗科、梨科、茄科、罂粟科、千屈菜科、石松科等植物中，如具有抗癌活性的苦参碱和氧化苦参碱，可引起子宫收缩的金雀花碱，以及具有呼吸兴奋作用的羽扇豆碱和苦豆碱等。

Rosas-Quina 和 Mejía-Nova 评估了超临界流体萃取技术作为一种代替水提取技术在羽扇豆碱提取中的应用。结果表明，两种方法均能降低羽扇豆种子中总生物碱的含量，从而确保羽扇豆的安全食用。在温度为 50 ℃、压力为 27 MPa 的条件下，使用超临界 CO_2 和稀乙醇溶液作为溶剂，超临界流体萃取法的提取率（39. 19 mg/g±0. 14 mg/g）与水提取法的提取率（39. 22 mg/g±0. 16 mg/g）相当。与水提取不同，超临界 CO_2 流体萃取不仅能够保持羽扇豆种子的营养价值，还可以大大缩短萃取时间，从 235 h（水提取法的萃取时间）缩短到 2. 5 h，确保不使用过量的水和有机溶剂。此外，通过超临界流体萃取在提取容器中形成的组分，研究人员能够更深入地理解复杂基质中不同组分的提取机制，这些组分与其化学极性密切相关。研究表明，使用超临界流体萃取法去除羽扇豆生物碱是可行的，其萃取率与传统方法（水提取）相当，同时保持了样品的营养价值，无溶剂残留，节省了时间和资源。

Ling 等采用超临界流体萃取法从苦参中提取生物碱，并通过正交试验考查压力、温度、CO_2 流量和夹带剂用量得到了最佳工艺条件。在压力为 25 MPa、温度为 50 ℃、CO_2 流速为 2 L/min 和夹带剂用量为 0.04 mL/min 的条件下，他们使用制备性超临界流体萃取系统将该过程放大了 30 倍，利用高速逆流色谱法（High - Speed Countercurrent Chromatography，HSCCC）在由氯仿 - 甲醇 - 2.3×10^{-2} M NaH_2PO_4（27.5：20：12.5，v/v）组成的两相溶剂体系中分离和纯化了粗提物，并通过高效液相色谱法对收集的成分进行了分析。经过分离，他们获得了苦参碱 10.02 mg、氧化槐果碱 22.07 mg 和氧化苦参碱 79.93 mg，纯度分别达到了 95.6%、95.8% 和 99.6%。

张春江等通过三元二次通用旋转组合设计并实施了实验，以优化超临界 CO_2 流体萃取槟榔碱的工艺参数。他们评估了萃取温度、萃取压力和萃取时间三个因素对槟榔碱萃取量的影响。研究结果表明：超临界流体萃取的温度对槟榔碱萃取量具有极显著的影响，而萃取时间和萃取压力的影响较小。他们确定了槟榔碱萃取的最佳工艺条件：萃取温度为 72 ℃，萃取压力为 57 MPa，萃取时间为 26 min。在此条件下，槟榔碱的萃取量可达到理论最大萃取量的 95.3%。

（3）吖啶酮类生物碱提取。吖啶酮类生物碱主要分布于芸香科、苦木科和胡椒科植物中，如从芸香科植物山油柑树皮中可分离得到具有抗肿瘤活性的山油柑碱。另外，从吴茱萸中分离得到的吴茱萸宁也属于吖啶酮类生物碱。

刘文等在实验中采用 95% 的乙醇作为夹带剂，并运用超临界流体萃取技术来提取吴茱萸的有效成分。在此基础上，他们利用高效液相色谱法测定吴茱萸碱和吴茱萸次碱的含量。用超临界流体萃取技术提取吴茱萸中吴茱萸碱和吴茱萸次碱的提取工艺具有高效性，而高效液相色谱法能精确测定吴茱萸碱和吴茱萸次碱的含量，且重现性好。

（4）异喹啉类生物碱提取。异喹啉类生物碱是植物中分布较广、结构类型复杂、数量较多的一类生物碱，主要分布于木兰科、毛茛科、防己科、罂粟科、小檗科、樟科、睡莲科等植物中。异喹啉类生物碱主要分为以下四类：简单异喹啉类、苄基四氢异喹啉类（包括双苄基四氢异喹啉类、阿扑啡类和异阿扑啡类、吗啡烷类、原小檗碱和小檗碱类、普罗托品类、菲啶类）、苯乙基四氢异喹啉类、吐根碱类。例如，鹿尾草中含有降压成分萨苏林；乌头中含有强心作用的去甲乌药碱，厚朴中含有厚朴碱，这两者均属于苄基四氢异喹啉类生物碱；马兜铃中存在具有降压作用的木兰碱；八角枫中存在具有催吐作用的吐根碱和八角枫碱等。

Xiao 等研究了动态提取时间、温度、压力、夹带剂种类、夹带剂流量等参数对荷叶碱得率及总异喹啉生物碱占总提取物的比例的影响，并采用高效液相色谱法来测定提取物中荷叶碱的含量。研究结果表明，荷叶碱的收率随着动态提取时间、压力、温度和夹带剂流量的增加而增加。在以 10% （v/v） 二乙胺和 1% （v/v） 水的甲醇溶液作为夹带剂，温度为 70 ℃，压力为 30 MPa，夹带剂流速为 1. 2 mL/min 的条件下提取 2 h，荷叶碱得率最高可达到 325. 54 μg/g。此时，总异喹啉生物碱占提取物的 49. 85% 。

梁宝钻等采用超临界 CO_2 流体萃取技术提取亚东乌头总生物碱，并与传统提取方法进行了比较，探讨了原料碱化对提取的影响。研究结果表明，超临界 CO_2 流体萃取在收率和含量上都比传统方法高，且原料经碱化后，收率和含量均有所提高。

（5） 吲哚类生物碱提取。吲哚类生物碱是生物碱中种类较多、结构较复杂且多具生物活性的一大类生物碱，主要分布在夹竹桃科、茜草科、马钱科、十字花科等植物中。依据结构特点，吲哚类生物碱可分为简单吲哚类、β-卡波林类、半萜吲哚类、单帖吲哚类和双吲哚类等。例如，菘蓝中的大青素 B，具有收缩子宫作用的麦角新碱，以及从长春花中分离得到的抗肿瘤药物长春新碱等，均属于吲哚类生物碱。

Fu Qing 等开发了超临界流体萃取结合样品纯化及超临界流体色谱-串联质谱（Supercritical Fluid Chromatography-Tandem Mass Spectrometry，SFC-MS/MS） 技术，并将其用于钩藤吲哚生物碱的提取、分离和表征。他们将钩藤样品和名为 C18SCX 的吸附剂的混合物以 1 ∶ 1 （w/w） 的比例放入提取池中，在温度为 40 ℃ 和压力为 25 MPa 的条件下，分两步采用超临界流体萃取法：第一步，使用 10% 的乙醇作为共溶剂提取 60 min，以去除非生物碱成分；第二步，将 0. 1% 的 DEA 加入 10% 的乙醇中，并再次提取 60 min，以获得所需的提取物。通过引入额外的吸附剂，超临界流体萃取对生物碱的特异性大大提高。然后使用 SFC-MS/MS 方法来分析超临界流体萃取的提取物。使用 2-EP 作为固定相，通过梯度洗脱

0~10 min，在CO_2中加入5%~25%的乙醇（+0.05% DEA）作为夹带剂，柱温为40 ℃，背压为13.8 MPa，在8 min内分离出10个峰。进一步的MS/MS分析证实，采用超临界流体萃取法提取的提取物中的10个峰有9个是吲哚生物碱。他们还开发了一种专门用于生物碱提取和分析的超临界流体法，用于复杂样品中生物碱化合物的研究。

从长春花中提取分离得到的长春碱和长春新碱是广泛用作抗肿瘤药物的二聚体生物碱。Falcão等采用乙醇作为CO_2的夹带剂，在不同温度（40 ℃，50 ℃或60 ℃）、压力恒定为30 MPa的条件下，对超临界流体萃取工艺进行了优化。同时，他们还评估了夹带剂比例（2% w/w，5% w/w和10% w/w）对萃取效率的影响。通过进行HPLC/UV分析发现，与传统的提取方法（如固液提取）相比，采用超临界CO_2流体萃取法得到的长春碱提取率可高达92%。

Verma等对超临界流体萃取法提取长春花中吲哚生物碱的工艺进行了优化，评估了压力（20 MPa~40 MPa）、温度（40~80 ℃）、夹带剂浓度（2.2~6.6 vol%）和动态提取时间（20~60 min）对生物碱产量的影响。他们采用了不同的提取方法，包括超临界流体萃取、索氏提取、超声固液提取和热水提取（在不同温度下）。在压力为25 MPa、温度为80 ℃的条件下，使用6.6 vol%的甲醇作为夹带剂提取40 min；使用二氯甲烷索氏回流提取长春花碱16 h；在超声浴中，使用0.5 M硫酸/甲醇（3∶1，v/v）溶液进行固-液提取脱水长春花碱3 h。结果显示，采用超临界流体萃取法得到主要生物碱的干重含量最高。

（6）嘌呤及黄嘌呤生物碱类提取。嘌呤及黄嘌呤生物碱类在植物界分布较分散。例如，香菇嘌呤具有降血脂和降胆固醇的作用，虫草素具有抗病毒、抗炎、抗肿瘤活性的作用，咖啡因具有刺激神经中枢的作用，茶碱和可可碱则有利尿扩冠作用。

甲基黄嘌呤是在茶、咖啡和瓜拉纳等天然产品中发现的生物碱。这类生物碱通常用于可乐饮料和药品中，主要是因为它们具有提神醒脑和利尿作用。M. D. A. Saldaña等使用能够充分控制温度和压力的高压提取设备，采用超临界CO_2提取咖啡因、茶碱和可可碱，萃取/分馏曲线显示温度和压力对萃取率的影响很大，并发现超临界CO_2对咖啡因的选择性高于对茶碱和可可碱的选择性。Johannsen Monika介绍了一种通过实验测定固体在稠密气体中平衡溶解度的装置。溶解度的测定可以使用静态分析方法进行，其中平衡池与超临界流体色谱系统直接耦合。Johannsen Monika 还测量了在不同温度（40 ℃、60 ℃和 80 ℃）和压力范围（20 MPa ~ 35 MPa）下，咖啡因、茶碱和可可碱在超临界 CO_2 中的溶解度。尽管这些生物碱的化学结构非常相似，但它们在超临界 CO_2 中的溶解度差异很大。咖啡因在超临界 CO_2 中的溶解度比茶碱高一个数量级，比可可碱高两个数量级。

（7）萜类生物碱提取。萜类生物碱按其结构中碳原子个数可分为单萜类、倍半萜类、二萜类及三萜类生物碱。单萜类生物碱有具有降血压作用的猕猴桃碱、抗炎镇痛作用的龙胆碱及强壮作用的肉苁蓉碱。倍半萜类生物碱有具有止痛退热作用的石斛碱、抗菌活性作用的萍蓬草定碱。二萜类生物碱有具有镇痛作用的乌头碱、抗心律失常的关附甲素及抗肿瘤活性的紫杉醇。

顾贵洲等采用超临界 CO_2 流体萃取法从东北红豆杉中提取紫杉醇，并评估了红豆杉的不同部位、红豆杉的颗粒粒径、萃取压力、萃取时间和萃取温度对紫杉醇提取率的影响。结果表明：当红豆杉树叶的颗粒粒径为 100 目、萃取压力为 35 MPa、萃取时间为 120 min、萃取温度为 35 ℃时，紫杉醇的提取率最高。在最佳提取条件下，10 g 东北红豆杉中紫杉醇的平均提取量为 3. 28 mg，平均提取率为 96. 2%。超临界 CO_2 流体萃取法具有无刺激性气味、操作简单安全、提取率高等特点，所以在工业领域的应用前景广泛。

（8）甾体类提取。甾体类生物碱是天然甾体的含氮衍生物，与萜类生物碱同属于非氨基酸来源生物碱。根据骨架可将甾体分为孕甾烷生物碱、环孕甾烷生物碱和胆甾烷生物碱。从黄杨科野扇花叶中得到的野扇花碱，以及具有增加冠脉流量、强心等作用的环常绿黄杨碱 D 都属于甾体类生物碱。胆甾烷生物碱主要分布于茄科和百合科植物中，如澳洲茄胺、百合科的贝母属和藜芦属。

Ruan 等采用超临界流体萃取技术从浙贝母中提取总生物碱，并测定提取物的抗氧化能力。他们采用四因素五水平的中心复合设计来优化工艺参数，如提取时间（1. 5 ~ 3. 5 h）、温度（50 ~ 70 ℃）、压力（15 MPa ~ 35 MPa）和夹带剂（乙醇：水）比率（80 ~ 100v/v%），并根据二阶多项式模型构建响应曲面图。在提取时间为 2. 9 h、温度为 61. 3 ℃、压力为 30. 6 MPa、以 90. 3% 乙醇作为夹带剂的条件下，总生物碱提取率最高（2. 9 mg/g），且抗氧化能力强，他们认为可进一步用于工业提取。

3.1.2 黄酮类化合物提取

黄酮类化合物是一类存在于自然界、具有 2-苯基色原酮结构的化合物，包括黄酮、黄酮醇、二氢黄酮、二氢黄酮醇、异黄酮、二氢异黄酮、查耳酮、花色素等。黄酮苷元一般难溶或不溶于水，但易溶于甲醇、乙醇、乙酸乙酯、乙醚等有机溶剂，以及稀碱液。黄酮类化合物通常呈黄色，广泛存在于带黄色的花朵、果实、叶片之中。例如，柑橘皮、银杏叶、松树等都含有较丰富的黄酮类化合物。

黄酮类化合物不仅具有降血压、降血脂、防止血栓形成、防治心脑血管疾病、增强免疫力、降低血管脆性、改善心脑血管血液循环等作用，还具有抗炎症、抗过敏、抑制细菌、抑制病毒、防治肝病、抗肿瘤等功效。例如，由银杏叶制成的舒血宁片含有黄酮和双黄酮类，常用于治疗冠心病和心绞痛。全合成的乙氧黄酮（又名心脉舒通或立可定）则具有扩张冠状血管、增加冠脉流量的作用。

黄酮类化合物常用的提取方法如下：

1. 碱提酸沉法

酚羟基黄酮通过碱性水或碱性烯醇（如 50% 的乙醇）浸出。浸出液随后经酸化，使黄酮类化合物沉淀析出，或者使用有机溶剂进行萃取。芦丁、橙皮苷、黄芩苷等均可采用此法提取。常用的碱性水溶液为稀 NaOH 溶液和石灰水。在此过程中，碱浓度不宜过高，以防在强碱条件下加热时破坏黄酮类化合物的母核结构；同样，在加酸酸化时，酸性也不宜过强，以免生成鲜盐，导致已析出的黄酮类化合物又重新溶解，从而降低产品的收率。特别是，当分子中存在邻二酚羟基时，应加入硼酸进行保护。

2. 溶剂法

乙醇和甲醇是最常用的黄酮化合物提取溶剂。利用黄酮类化合物与混入的杂质极性不同的特性，选用不同溶剂进行萃取，可达到精制纯化的目的。然而，溶剂提取法存在步骤多、周期长、产率低，以及产品中存在残留的有机溶剂等问题。溶剂系统主要包括乙醇、水溶液、丙酮-水溶液、NaOH-水溶液、NaOH-乙醇等。精提取常在粗提物制备的基础上进行，常用的方法有液液提取法、沉淀法和吸附洗脱法。

Ouédraogo Jean Claude W. 等采用超临界流体萃取法提取红楼花叶中的黄酮类化合物，超临界提取物中的黄酮类化合物含量高于常规溶剂提取法提取物，且超临界提取物表现出较高的抗氧化活性。传统的提取技术如浸渍、热回流提取和索氏提取具有操作简便、成本低的优点。然而，这些方法的缺点也很明显，如需要消耗大量有机溶剂、萃取效率低、萃取时间长、分析物选择性低、易分解化合物、能源消耗过多，以及萃取物中存在残留的有机溶剂。

超临界 CO_2 流体萃取被认为是绿色且有前景的传统萃取方法的替代方法，因为采用该方法可以有效地从天然产物中回收活性化合物。它是一种高性能和可持续的提取方法，与传统的溶剂提取方法相比，对目标显示出优异的重复性和选择性，具有条件温和、使用更少的有机溶剂和更短的提取时间等优点。因此，超临界 CO_2 流体萃取凭借上述优点，被广泛应用于食品、医药和化工工业生产领域。CO_2 常被用作非极性超临界溶剂，具有安全、易得、成本低、无毒、化学惰性、不易燃等优点。由于具有合适的临界点，因此 CO_2 被认为是一种理想的超临界溶剂，可以有效防止热敏化合物在萃取过程中降解。

超临界 CO_2 对低极性或非极性分析物具有出色的溶解能力，因为它结合了液体密度和气体黏度的特性。在超临界 CO_2 中，可以添加少量夹带剂来提高极性物质的溶解度。此外，超临界 CO_2 可以通过调节压力、温度和夹带剂浓度来自由调节，从而实现对目标化合物的高选择性。超临界 CO_2 流体萃取是一种符合绿色工艺理念要求的技术。

超临界 CO_2 流体萃取需要密闭的高压釜设备，因此其运行成本高且传质行为迟缓。超临界 CO_2 流体萃取可以与其他技术联用以提高性能。超声波辅助萃取已成为一种出色的提取辅助手段，在强化提取过程中表现出巨大的潜力。超声波在液体介质中的传播可能引起声空化、气泡破裂、热效应和机械扰动。这些复杂的现象同时或连续发生，有利于细胞壁破坏、传质强化，以及溶剂渗透到颗粒中，从而有效提高萃取成分的产量。

超声辅助超临界 CO_2 流体萃取是在高压密闭状态下进行的，这就导致植物原料在超声波的作用下很容易充满溶剂，目标成分被快速去除。超临界 CO_2 流体萃取与超声波的耦合已成功应用于获取植物化学物质。Ou 等采用超声辅助超临界

CO_2 流体萃取联用技术从黄秋英中提取黄酮类化合物。在压力为 25 MPa、温度为 55 ℃、夹带剂浓度为 10%，以及超声波能量密度为 0.21 W/mL 的条件下，总黄酮含量达到最高。与传统提取技术相比，超声波辅助超临界 CO_2 流体萃取不仅可以提高提取物的总黄酮含量和抗氧化能力，还可以缩短提取时间、降低提取压力、节省电能消耗，以及减少 CO_2 和有机溶剂的使用。因此，黄秋英可以作为生产天然黄酮类化合物的原料。

类黄酮在自然界中大多以糖基化形式出现，因此极性较强。非极性超临界 CO_2 主要适合提取极性较低的化合物，如相应的苷元。蜗牛酶可用于对植物提取物中的类黄酮苷进行有效酶水解，降低其极性，从而促进超临界 CO_2 的萃取。Mikšovsky Philipp 等开发了一种酶辅助超临界流体萃取技术（EA-SFE），该技术可用于从苹果渣中获得黄酮醇和二氢查耳酮。蜗牛酶是一种包含 20～30 种酶的混合物，可用于去除槲皮素苷、山柰酚苷、根皮苷和 3-羟基根皮苷中的糖基部分。

使用超临界 CO_2 和最低量的极性共溶剂，可以提取出黄酮苷元、槲皮素、山柰酚、根皮素和 3-羟基根皮素。研究者建立了酶水解和超临界流体萃取的连续工艺，并评估了蜗牛酶用量、苹果渣预处理、酶水解时间、共溶剂的用量和类型、萃取时间对萃取效果的影响。结果表明，即使使用少量的蜗牛酶（0.25%），在 2 h 的酶水解后也能成功地裂解高达 96% 的糖基部分。使用少量甲醇作为共溶剂进行超临界流体萃取，在萃取 1 h 后，总萃取产率高达 90%，即使在加压条件下也可展现出令人满意的酶活性。

花青素是一种热敏活性物质，属于水溶性多酚黄酮类化合物。有机溶剂提取法原理简单，对设备要求较低，但不足之处在于大多数有机溶剂毒副作用大，且产物提取率低。此外，有机溶剂萃取的花青素多有毒性残留，且生产过程对环境污染严重。鉴于此，水溶液提取应运而生，此方法对设备要求较低，产品纯度也低。

当使用超临界 CO_2 流体萃取技术时，萃取过程在无氧的密闭系统和温和的条件下（即低临界压力 7.38 MPa、温度 31.1 ℃）进行，不仅可以优化花青素回收，还可以最大限度地减少萃取过程中的降解。此外，超临界 CO_2 流体萃取可能会通过改变细胞膜并去除必需的细胞成分和膜，破坏细胞内电解质的平衡。添加乙醇和水（共溶剂）可以提高 CO_2 的溶解能力，增大极性化合物的溶解度，如花青素、酚类化合物等。一些研究报道乙醇-水（EtOH-H_2O）混合物可以作为共溶剂有效地提取花青素和多酚，且收率较高。

当水与 CO_2 反应时，会形成碳酸，这可能会降低萃取系统的 pH。酸性 pH 状态可以促进溶剂渗透到洛神花花萼植物基质中并去除液泡内的花青素。较低的 pH 有利于花青素分子的稳定。Putra 等使用超临界 CO_2 从花生皮中回收花青素和原花青素，溶解度模型确定了原花青素和花青素在超临界 CO_2 与乙醇中作为夹带剂的溶解度。他们的研究参数为压力 10 MPa ~ 30 MPa、温度 40 ~ 70 ℃和乙醇流速 0. 075 ~ 0. 225 mL/min。响应面法显示，最佳条件为 20. 39 MPa、60 ℃ 和 0. 17 mL/min，此时，花青素和原花青素分别为 2 325. 23 μg/g 和 409. 95 μg/g。

Idham 等利用超临界 CO_2 从玫瑰茄中分离出花青素，这是一种天然的红色色素。他们采用响应面法的三因子设计，研究了三种工艺参数，即压力、温度和共溶剂比（乙醇-水）。该方法用于模拟花青素的提取、总酚含量、总黄酮含量和颜色特征（即亮度、色度和色调）。最佳工艺条件如下：压力为 27 MPa，温度为 58 ℃，共溶剂比为 8. 86%，此时花青素、酚类和类黄酮的含量最高，其中花青素的产量为 1 197 mg/100 g 干燥的玫瑰茄。与传统的固液萃取法相比，使用超临界 CO_2 流体萃取的花青素降解率更低，稳定性更好。

3.1.3　萜类和挥发油提取

萜类化合物在植物界分布极为广泛，如藻类、菌类、地衣类、裸子植物及被子植物中均含有萜类化合物，种子植物中尤其是被子植物的含量最丰富。萜类化合物主要分为半萜、倍半萜、单萜、二萜、二倍半萜、三萜、四萜、多聚萜。单萜和倍半萜是构成植物挥发油的主要成分，是香料和医药工业的重要原料；二萜是形成树脂的主要物质；三萜是构成皂苷、树脂的重要物质；三萜及其苷尤以双子叶植物分布最多，三萜苷类化合物多数溶于水，振摇后会产生肥皂水溶液泡沫；四萜主要是一些脂溶性色素。

单萜的含氧衍生物多具有香气和较强的生物活性，是医药、化妆品、食品行业的重要原料。有些单萜在植物体内以苷的形式存在，不具有挥发性。倍半萜多以挥发油的形式存在，是挥发油高沸程（250 ~ 280 ℃）部分的主要成分。二萜广泛分布于植物界，许多植物分泌的乳汁、树脂等均以二萜化合物为主。许多二萜的含氧衍生物具有多方面的活性，如紫杉醇、穿心莲内酯、丹参酮、银杏内酯、雷公藤甲素、甜菊苷等。二倍半萜主要分布在羊齿植物、植物病原菌、海洋生物中。三萜类化合物主要有四环三萜和五环三萜。

胡椒酮存在于多种中药的挥发油中，是治疗支气管哮喘的有效成分。龙脑，俗称冰片，具有发汗、兴奋、解痉等作用，与苏合香脂配合制成苏冰滴丸，可代替冠心苏合丸用于治疗冠心病和心绞痛。芍药苷具有镇静、镇痛、抗炎、防老年性痴呆等生物活性。栀子苷具有显著促进胆汁分泌和泻下作用。银杏内酯类化合物能抵抗血小板活化因子，是银杏制剂治疗心脑血管疾病的主要有效成分。雷公藤甲素对乳腺癌和胃癌细胞系集落形成具有抑制作用。紫杉醇具有抗癌活性。冬凌草甲素和冬凌草乙素具有显著抗肿瘤活性。从酸枣中分离出的多种皂苷，具有养肝、宁心、安神之功效。从中药商陆中分离出的 18 种皂苷，能显著促进小鼠白细胞的吞噬功能。

对于环烯醚萜、倍半萜内酯及二萜，常用的提取方法包括以下几种：一是溶剂提取法，适用于环烯醚萜、非苷形式的萜类化合物，该法一般使用甲醇或乙醇作为溶剂进行提取；二是碱提酸沉法，萜类内酯在热碱液中开环成盐溶于水，酸化后闭环不溶于水，但使用酸、碱处理时，可能引起结构的变化；三是吸附法（活性炭吸附法或大孔树脂吸附法）。

挥发油常用的提取方法有以下几种：

1. 水蒸气蒸馏法

挥发油不溶于水。受热后，挥发油可随水蒸气一同蒸馏出来。此方法具有设备简单、操作容易、成本低、产量高、挥发油的回收率较高等优点。然而，在提取挥发油的过程中，原料容易因为受强热而焦化，这可能会使其成分发生变化，进而使挥发油变味，最终降低其作为香料的价值。

2. 浸取法

对不宜用水蒸气蒸馏法提取的挥发油原料，可直接利用有机溶剂进行浸取。这类方法包括油脂吸收法和溶剂提取法。

3. 压榨法

此法适用于含较多挥发油且新鲜的原料，如鲜橘、柑、柠檬果皮等。通过压榨法提取的挥发油能够保持原有的新鲜香味，但需要注意的是可能同时溶出原料中的不挥发物质，如柠檬油会因为溶出叶绿素而呈现绿色。

4. 超临界流体萃取法

超临界流体萃取法通常使用超临界 CO_2 作为溶剂。超临界 CO_2 流体属于非极性溶剂，具有类似于己烷、乙醚、石油醚等非极性有机溶剂的溶解性能。根据相似相溶原理，它能有效萃取中药中的挥发油这类强亲脂性成分。此法在提取挥发油时，具有防止氧化、热解及提高产品品质的优点。采用此法所得芳香挥发油的气味与原料相同，且品质明显优于其他方法。

（1）皂苷类化合物的超临界流体萃取。

皂苷是一类以三萜或甾体为苷元的糖苷类化合物，广泛分布于自然界，是天然产物研究中的重要领域。使用传统溶剂提取皂苷存在周期长、有残留溶剂、污染环境、不适合大规模工业生产等弊端。相比之下，超临界流体萃取以其低温操作、快速、无溶剂残留且对环境无污染的特点，在皂苷等中药有效成分提取分离中展现出独特优势和广阔前景。鉴于皂苷的极性特征，采用超临界 CO_2 流体萃取时常常选择含有乙醇的混合溶剂作为夹带剂。通过在 CO_2 中加入合适的表面活性剂形成胶束或微乳液，能够有效增大皂苷等极性及亲水类物质的溶解度。此外，中等链长度的醇不仅可作为助溶剂，提高表面活性剂的溶解度，还有利于微乳液的形成。徐先祥综合评述了以无水乙醇、含水乙醇及含表面活性剂的混合溶剂作为夹带剂的研究。灵活应用预萃取和分级萃取等方式，同时兼顾单味、复方中药及不同极性有效成分，对推动超临界流体萃取技术在中药领域的应用与发展具有重要意义。

黎晶晶等采用水提法、醇提法和超临界流体萃取法，对黄芪中的总皂苷、总黄酮、黄芪甲苷和毛蕊异黄酮葡萄糖苷进行了提取，并进行了抗氧化活性分析。他们以黄芪甲苷、毛蕊异黄酮葡萄糖苷的总量及抗氧化活性（DPPH 法）为评价指标，在单因素试验的基础上，通过响应面法优化超临界流体萃取黄芪活性成分的工艺。研究结果显示，超临界流体萃取在黄芪总皂苷和黄芪甲苷的提取效果上与醇提法无显著性差异，但对黄芪总黄酮和毛蕊异黄酮葡萄糖苷的提取效果更佳，且提取物的抗氧化活性也优于其他提取方法。最佳提取工艺条件如下：压力为 18.8 MPa，温度为 53 ℃，乙醇浓度为 77.4%，此时黄芪甲苷和毛蕊异黄酮葡萄糖苷的总含量达到 2 083.5 μg/g；而在压力为 18.2 MPa、温度为 50 ℃，以及乙醇浓度为 76.4% 的条件下，提取物的抗氧化活性 IC_{50} 的值最小为 0.282 mg/mL。

皂苷不仅具有显著的药理作用，还可作为一种表面活性剂，用来降低水溶液的表面张力。Bitencourt 为了利用超临界技术提取皂苷，以超临界 CO_2、乙醇和水为溶剂，在固定床上连续提取得到了分级提取物，所有提取均在温度为 50 ℃ 和压力为 30 MPa 的条件下分四个步骤进行。第一步，使用纯超临界 CO_2 作为溶剂；第二至四步，分别采用超临界 CO_2/乙醇（70∶30，w/w）、乙醇、乙醇/水（70∶30，v/v）作为溶剂。通过薄层色谱法和表面张力法对提取物进行分析发现，四个步骤的提取率分别为 0.16%，0.55%，1.00% 和 6.90%。利用薄层色谱法进一步进行分析发现，在提取皂苷的过程中，溶剂极性具有一定的影响。

Liu Xiaojuan 采用超临界 CO_2 流体萃取法从皂角中提取皂苷，并研究了萃取压力、萃取温度、萃取时间、夹带剂用量及浓度对萃取过程的影响。得出的最佳萃取条件如下：萃取压力为 35 MPa，萃取温度为 45 ℃，萃取时间为 2.5 h，物料/夹带剂（g/mL）比为 1∶3，夹带剂浓度为 70%。在此条件下，皂苷的收率为 0.975%。

（2）挥发油的超临界流体萃取。

挥发油的提取方法包括水蒸气蒸馏法、超临界 CO_2 流体萃取法、超声波辅助萃取法、有机溶剂萃取及微波辅助萃取法。其中，超临界 CO_2 流体萃取作为一种高效的挥发油提取方法，其优势在于能避免有机溶剂残留，同时可以解决水蒸气蒸馏法存在的提取温度过高、得油率低的问题。黄培池优选草果挥发油超临界流体萃取最佳工艺条件，并对其抗氧化活性进行研究。他采用 Box-Behnken 设计响应面法，系统地分析了萃取时间、萃取温度、萃取压力及 CO_2 流量这四个因素对草果挥发油得率的影响。通过多元线性方程及二项式方程拟合实验数据，最终确定的优化的工艺条件如下：萃取时间为 88 min，萃取温度为 56 ℃，萃取压力为 27 MPa，CO_2 流量为 25 L/h。在此条件下，草果挥发油得率为 3.07%。此外，研究还表明，该挥发油对羟自由基的 IC_{50} 值为 6.872 mg/mL，对 DPPH 自由基的 IC_{50} 值为 6.023 mg/mL。黄培池的研究为草果挥发油产品的进一步开发奠定了坚实的基础。

陈丽娜等通过单因素试验和响应面法，优化了超临界萃取红松松针挥发油的工艺条件，并且深入讨论了萃取温度、萃取压力、萃取时间、CO_2 流量对松针挥发油萃取率的影响。研究结果显示，超临界萃取红松松针挥发油的最佳工艺条件如下：萃取温度为 59 ℃，萃取时间为 2 h，萃取压力为 30 MPa。在此条件下，模型预测的萃取率为 0.94%，而实际得到的萃取率为 0.92%，预测值与实际值拟合良好。通过 GC-MS 分析发现，挥发油的主要成分为莰烯、α-蒎烯、γ-杜松烯、β-石竹烯等萜烯类化合物。

相比之下，采用水蒸气蒸馏法提取的化合物中烃类化合物比较多，且分子量较小。水蒸气蒸馏法的提取过程温度高且为开放系统，容易导致对热不稳定及易氧化成分的破坏。超临界 CO_2 流体萃取法则能萃取出高极性组分，所得大分子量的成分相对较多，且过程短、温度低、系统密闭，可以有效避免化学成分在萃取过程中的氧化及降低光反应风险。该方法不仅能提取低沸点的易挥发性成分，保护植物特有的香味成分和萜烯类组分不受损失，还能提取出较多的醇、酯、不饱和脂肪酸、长链烷烃，以及热不稳定和易氧化的成分。伍艳婷等研究了采用超临界 CO_2 流体提取瓜馥木挥发油的条件，并与水蒸气蒸馏法提取的瓜馥木挥发油的化学成分进行了比较研究，发现采用两种提取方法得到的瓜馥木挥发油组分相近，但含量上存在较大差异，超临界 CO_2 流体萃取法更适合用于瓜馥木挥发油的提取。

3.1.4 苯丙素类化合物提取

天然成分中有一类由苯环与三个直链碳原子（C6-C3）连接构成的化合物，统称苯丙素类化合物。苯丙素类化合物主要包括苯丙酸类、香豆素类和木脂素类。许多苯丙酸类化合物是中草药中的有效成分，如金银花中的绿原酸具有抗菌利胆的作用，蛇菰中的松柏苷具有抗组胺释放作用，丁香酚长期被用作牙科麻醉剂和香料。植物中的苯丙酸类及其衍生物大多具有水溶性。由于苯丙酸类及其衍生物常常与其他酚酸、鞣质、黄酮苷等混在一起，因此一般需要经过大孔树脂、聚酰胺、硅胶、葡萄糖凝胶及反相色谱等方法的多次分离才能纯化。

香豆素类化合物的母体7-羟基香豆素的母核为苯骈-α-吡喃酮。小分子游离香豆素具有挥发性，可随水蒸气蒸馏，还可升华。香豆素类化合物在自然界中广泛存在，如蛇床子中的蛇床子素能抑制乙型肝炎表面抗原，海棠果内酯具有显著的抗凝血作用，补骨脂素和长波紫外线的联合使用可用于治疗银屑病与白癜风等皮肤病。

木脂素类因在植物的木质部和树脂中发现较早且分布较多而得名。早在19世纪这类化合物就已经被成功分离出来。例如，橄榄脂素在橄榄树脂中的含量高达50%。最早得到平面结构的木脂素化合物是愈创木脂酸，其类似物去甲二氢愈创木酸自1940年起就被广泛用作食品抗氧化剂，用来防止油脂变质。结构多样的木脂素类化合物展现出多种多样的生物活性，如鬼臼毒素具有抗肿瘤疗效，五味子果实中的各种联苯环辛烯类木脂素具有保护肝和降低血清谷丙转氨酶作用。此外，厚朴的镇静和肌肉松弛作用也与其含有新木脂素——厚朴酚密切相关。

1. 香豆素类化合物的提取

对于香豆素类化合物，通常根据其溶解性、挥发性、升华性及内酯结构来设计提取分离方案。香豆素类化合物常用的提取方法是溶剂提取法。对于具有挥发性的香豆素，传统上采用水蒸气蒸馏法进行提取，但此法可能会使提取物受到化学试剂的影响，且热敏性化合物易遭到破坏，从而削弱提取物的质量。此外，使用有机溶剂从植物药中提取挥发性物质时，挥发溶剂的过程会造成某些挥发性有效成分的损失，因此难以获得“无溶剂化”的提取物。这些不足可通过超临界流体萃取技术进行弥补。相对水蒸气蒸馏来说，超临界 CO_2 流体萃取能够实现低温操作，可以避免不稳定化合物的降解，且无溶剂残留，这对保证挥发性物质的质量具有积极意义。

近年来，超临界流体萃取技术因其操作条件的可控性，提取的高效性、高选择性，产品“无污染”，以及对环境无污染等优点，受到日益广泛的关注。赵富春等比较了超临界 CO_2 流体萃取法与水蒸气蒸馏法提取的蛇床子挥发性化学成分，为蛇床子的质量控制及制剂开发提供了有价值的参考。研究结果显示，在采用水蒸气蒸馏法的提取物中鉴定出 31 种化学成分，而在采用超临界 CO_2 流体萃取法的提取物中鉴定出 21 种化学成分，这表明超临界 CO_2 流体萃取法在蛇床子挥发性成分的提取上具有较高的选择性。进一步检测时发现，蛇床子中还含有蛇床子素、欧前胡素、异虎耳草素、佛手柑内酯、花椒毒素和花椒毒酚 6 种香豆素类化合物。他们还应用质谱学规律对蛇床子中的有效成分——蛇床子素的结构进行了鉴定和讨论。

Wang 等采用超临界 CO_2 从补骨脂中提取补骨脂素和异补骨脂素，并研究了压力、温度和样品粒度等参数对产率的影响，以确定最佳提取条件。研究发现最佳工艺条件如下：压力为 26 MPa，温度为 60 ℃，样品粒度为 40～60 目。在此条件下产率为 9.1%，补骨脂素和异补骨脂素的总产率为 2.5 mg/g 干种子。随后，他们采用正己烷-乙酸乙酯-甲醇-水（1∶0.7∶1∶0.8，v/v）组成的两相溶剂体系，通过高速逆流色谱法分离纯化提取物中的补骨脂素和异补骨脂素，并通过 HPLC，MS，^{1}H-NMR 和 ^{13}C-NMR 等技术对组分进行了分析。通过与标准样品进行比对，进一步证实了产品的结构。

刘红梅和张明贤对采用超临界 CO_2 流体萃取法分离白芷中香豆素类成分进行了研究。他们采用正交试验设计方法，以提取液中总香豆素含量为考查指标，对总香豆素提取条件进行优化。通过 GC-MS 联用技术对超临界样品进行分析鉴定，并利用面积归一法测定了各成分的相对含量。其研究共鉴定出 15 种香豆素类成分，其中主要成分氧化前胡素、欧前胡素、异欧前胡素的相对含量分别达到了 42.40%，22.14% 和 12.12%。最优萃取工艺条件如下：萃取压力为 21 MPa，萃取温度为 50 ℃，萃取时间为 3 h，颗粒度为 20 目，分离压力为 6.5 MPa，分离温度为 30℃。研究指出，萃取压力、萃取温度、萃取时间、颗粒度及分离压力均对实验指标具有非常显著的影响。

2. 木脂素类化合物的提取

木脂素类化合物多数呈游离型，为亲脂成分，易溶于三氯甲烷、乙醚、乙酸乙酯等极性不大的有机溶剂。但是低极性有机溶剂难于渗入植物细胞，因此，宜先用乙醇、丙酮等亲水性溶剂进行提取，在获得浸膏后，再利用三氯甲烷、乙醚等溶剂进行分步萃取。木脂素具有较强的脂溶性，采用传统的溶剂提取法往往存在提取不完全、制剂质量无法保证的问题。尽管热回流、浸提法、煎煮法及渗滤法等传统工业化提取方法操作简单、提取率较高，但它们也存在有机溶剂消耗量大、提取时间长等弊端。

近二十年来，超声波辅助萃取法、双水相萃取法和微波辅助萃取法等得到了开发与应用。其中，双水相萃取法虽具有操作简便、成本低廉、产量高等优点，但其萃取效果会受到溶剂种类、用量和目标物性质等因素的影响，因此部分木脂素类化合物的提取率并不理想。相比之下，超临界 CO_2 流体萃取技术以其良好的选择性、高效的提取率及简便的操作流程脱颖而出，尤其适用于脂溶性成分的提取，可以有效弥补传统工艺的不足。

戴军等研究了超临界 CO_2 流体萃取五味子木脂素的工艺，并测定了提取物中四种主要木脂素（五味子甲素、五味子乙素、五味子酯甲和五味子醇甲）的含量。研究得出，超临界 CO_2 流体萃取五味子木脂素的优化工艺条件如下：萃取压力为25 MPa，萃取温度为35 ℃，CO_2 流量为2 L/min。在影响总木脂素提取率的因素中，压力的作用最为显著，温度和 CO_2 流量次之。实验结果显示，超临界 CO_2 流体萃取法所得提取物中这四种主要木脂素含量显著高于传统醇提法，且该方法选择性好、效率高、操作简便，更适用于五味子中木脂素的提取。

针对超临界流体萃取五味子木脂素过程中存在的 CO_2 用量大、操作压力高、萃取时间长等问题，毕金龙等对实验装置进行了改进，采用自制的萃取釜代替原始萃取室，并引入磁力搅拌来促进样品与超临界 CO_2 的充分接触。同时，他们还采用乙醇溶液预先浸渍样品，以进一步增强萃取过程中超临界 CO_2 的溶解力和选择性。这种结合了磁力搅拌和超临界流体萃取优势的新方法，可以减少 CO_2 的用量，降低萃取成本，而且整个萃取过程在密闭条件下进行，溶剂用量少，对环境无污染。为了验证该方法的萃取性能，他们还进行了方法学评价，并将其与传统超声波辅助萃取法、微波辅助萃取法和回流提取法进行比较。结果表明，磁力搅拌辅助萃取、乙醇浸渍样品与超临界 CO_2 流体萃取相组合的萃取方式，在萃取效率、操作简便性、环保等方面均表现出显著优势，萃取效果甚至接近药典方法，同时样品处理量大、操作简单、绿色环保。因此，该方法在中药中木脂素类化合物的提取分离领域具有广阔的工业化应用前景。

3.1.5 醌类化合物提取

醌类化合物是中药中一类具有醌式结构的化学成分。根据结构，可将醌类化合物分为苯醌、萘醌、菲醌、蒽醌四种类型。醌类化合物在自然界中分布广泛，主要存在于高等植物（如茜草科、鼠李科、百合科、豆科等科属）及低等植物（如地衣类和菌类）的代谢产物中。它们是许多天然药物（如大黄、何首乌、虎杖、决明子、芦荟、丹参等药材）的有效成分。

醌类化合物具有多种生物活性。例如，白花酸藤果和木桂花果实的有效成分信筒子醌有驱除肠寄生虫的作用；泛醌类辅酶 Q_{10} 是一种脂溶性抗氧化剂，能激活人体细胞并促进细胞能量的生成，具有提高人体免疫力、增强抗氧化能力、延缓衰老及提升人体活力等功能，在医学上广泛用于心血管系统疾病的治疗；胡桃醌具有抗菌、抗癌及中枢神经镇静作用；兰雪醌具有抗菌、止咳及祛痰的功效；芦荟的主要致泻成分为芦荟苷；紫草素则具有止血、抗炎、抗菌、抗癌及抗病毒的作用；丹参酮ⅡA 磺酸钠注射液在临床上用于治疗冠心病和心肌梗死；大黄中的番泻苷不仅具有清热行滞、通便利水、排毒养颜的功效，还能促进肠胃蠕动致泻，并具一定的抗菌功能，临床上可用于治疗急性胰腺炎、菌痢、流行性出血热、胆囊炎及产后回乳等病症。

游离醌类化合物的提取方法主要有以下几种：

1. 有机溶剂提取法

通常可采用三氯甲烷、苯等亲脂性有机溶剂进行提取。提取液需要进行浓缩处理，但提取物中常有微量有机溶剂残留。

2. 碱提酸沉法

用于提取含有酸基团（如 Ar-OH，-COOH）的化合物。其工艺较为复杂，且所得产品的纯度往往不高。

3. 水蒸气蒸馏

适用于提取小分子苯醌及萘醌类化合物。

4. 超临界流体萃取法

核心在于控制超临界流体（如超临界 CO_2）在高于其临界温度和临界压力的

条件下，从目标物中萃取有效成分。当恢复到常压和常温时，溶解在超临界流体中的成分会立即以液态形式与气态的超临界流体分离。由于超临界流体萃取技术全程不用有机溶剂，因此萃取物不会残留任何溶剂物质，从而避免提取过程中对人体有害物质的产生，以及对环境的污染，同时确保产品的100%纯天然性。

梁瑞红等对新疆紫草进行了超临界萃取工艺研究，并与有机溶剂萃取的结果进行了对比。研究结果显示：在温度为32 ℃、压力为27 MPa的条件下，超临界萃取的得率最高可达4.2%；紫草素衍生物的含量也达到最高值3.59%。相比有机溶剂萃取，超临界萃取能提取出更多的紫草萘醌组分，且萃取得到的紫草色素杂质更少，色素组分更丰富，含量更高。此外，超临界萃取的全过程仅需2.5～3 h，且产品色质优良，可以有效避免有机溶剂萃取带来的溶剂残留问题。

沈洁等建立了紫草油中6种有效成分含量检测的分析方法，并以这些有效成分的含量为评价指标，优化了紫草超临界流体萃取的制备工艺条件，包括萃取压力、萃取温度和 CO_2 流量。最终确定的紫草超临界流体萃取的最佳工艺条件如下：萃取压力为23 MPa，萃取温度为40 ℃，CO_2 流量为27 L/h。同时，他们还建立了HPLC-PAD（高效液相色谱-脉冲安培检测）法用于测定紫草油中6种有效成分的含量，并将该方法应用于超临界流体萃取制备紫草油的工艺优化过程中。优化后的工艺条件能够满足紫草油制备的需求，保证有效成分含量的稳定性和紫草油质量的可靠性，从而达到安全、有效用药的目的。

黄东辉采用乙醇回流法和超临界 CO_2 流体萃取法对丹参中丹参酮的提取工艺进行了优化。通过结合单因素和正交试验，得出乙醇回流法的最佳工艺条件如下：料液比为1∶8，温度为70 ℃，浸泡时间为1 h，回流时间为2 h。在此条件下，丹参酮的最高提取率达到了3.12%。超临界 CO_2 流体萃取法的最佳工艺条件如下：萃取压力为35 MPa，萃取温度为45 ℃，萃取时间为2 h，夹带剂流速为1.0 mL/min。在此条件下，丹参酮的最高提取率达到了4.58%。相比之下，超临界 CO_2 流体萃取法的提取率更高。

汪泽坤等采用超临界 CO_2 流体萃取法对丹参中丹参酮的提取工艺进行了优化。他们利用液质联用法对丹参粗提物进行了成分分析，成功鉴定出丹参提取物中的四种主要成分，分别为丹参酮ⅡA、丹参酮Ⅰ、隐丹参酮和二氢丹参酮。随后，他们采用AKTA自动纯化系统对丹参粗提物进行了进一步的分离，并通过高效液相色谱测定出这四种丹参酮的纯度（丹参酮ⅡA 的纯度为 96.685%，丹参酮Ⅰ的纯度为 93.083%，隐丹参酮的纯度为 94.968%，二氢丹参酮的纯度为 99.621%）。CFU 实验和 MIC 实验结果表明，这四种丹参酮均表现出不同程度的抑菌效果，其中隐丹参酮的抑菌能力最为显著。此外，他们的研究还选取了丹参中含量最高的活性成分——丹参酮ⅡA 作为抗癌活性研究对象。在抗癌活性实验中，通过流式细胞仪检测发现，丹参酮ⅡA-P188 具有抑制癌细胞生长的作用，并且抗癌活性随着药物浓度的上升而增强。

卢智研究了采用超临界 CO_2 流体萃取芦荟苷的工艺，并对影响超临界 CO_2 流体萃取芦荟苷提取率的多个因素（主要包括夹带剂用量、萃取釜的温度和压力等）进行了优化，以确定最佳的萃取工艺条件，并为进一步的工业化生产提供必要的参数。最终确定的最佳工艺条件如下：静态萃取时间为 40 min，动态萃取时间为 30 min，以乙醇作为夹带剂，乙醇用量为 250 mL/100 g 芦荟，萃取温度为 30 ℃，萃取压力为 25 MPa。在此条件下，芦荟苷萃取收率高达 92%（基于实验所用芦荟原料中芦荟苷总量为 1.93%）。

3.2　药物制剂制备

随着药物研发的深入，制药领域涌现出大量具有优异药理活性的新化合物，其中约 40% 为难溶性化合物。这些化合物在胃肠道中的溶解速率较慢，吸收效果不佳，直接限制了其在临床中的广泛使用。为了提升难溶性药物的溶解性、生物利用度，并推动其临床应用，近年来药学工作者积极探索新工艺和新剂型。新型给药系统作为研究热点，在改善药物溶解性及其生物利用度方面展现出巨大的应用潜力，涵盖纳米粒、固体分散体、环糊精包合物、微球、微囊、磷脂复合物及脂质体等多种形式。

尽管新型给药系统的制备方法多种多样，但常规的制备技术常伴随一些缺陷，如微粒粒径和分布难以精确控制，产物得率较低，存在有机溶剂残留问题，以及工艺条件对药物生物活性有影响等。

自 1879 年 Hannay 等报道高沸点固体物质可溶于超临界流体，并在降压时析出的现象后，Krukonis 于 1984 年提出超临界流体快速膨胀法（Rapid Expansion of Supercritical Solution，RESS），并用该方法制备了难粉碎物质的超细微粒。随后出现的超临界流体沉淀（Supercritical Fluid Precipitation，SFP）技术展现出广阔的应用前景。

超临界流体沉淀技术利用超临界流体的特点，实现气相或液相重结晶，使物质颗粒微细化，颗粒大小分布均匀。这项技术为制备超微粉体开辟了新途径，尤其适合制备那些具有热敏性、氧化性或生物活性的物质。作为超临界流体技术在萃取之后的又一重要应用领域，超临界流体沉淀技术有望成为制备超微粉体的有效手段。

超临界流体沉淀技术类型丰富，其中超临界流体在体系中可作为溶剂、抗溶剂和溶质。根据其在体系中的作用，可以将超临界流体萃取技术分为三大类：

1. SCF 作为溶剂的 RESS 及其衍生技术

RESS 是先将溶质溶于萃取釜内的 SCF 中，再将该溶液通入制粒釜，使其密度迅速降低，溶质在溶媒中瞬间达到过饱和状态而析出。如果将膨胀减压的过程通过一个微孔完成，就可以得到具有一定粒径的超细粉体。由于超临界溶液通过微孔的膨胀减压过程进行得非常快（如小于 10^{-5}s），且减压过程中产生的机械扰动（压力波）以音速传播，因此膨胀溶液中的条件能瞬时达到均匀一致。RESS 不仅适用于纯物质的重结晶和微粉化，还能用于制备包封活性物质的载体系统。在使用 RESS 制备微粒的过程中，影响因素较多，主要包括聚合物和药物自身的性质（如结晶性、相对分子质量、浓度等），以及外界条件（如预膨胀温度及压力、制粒釜内温度及压力、喷射距离等）。通过调整这些因素，可改变微粒的粒径、分布、形态、载药量及包封率。尽管 RESS 具有操作简便、产物有机溶剂残留量低等优点，但大多数极性和非极性化合物都难溶于超临界 CO_2，这大大限制了 RESS 的应用范围。

近年来，RESS 得到了诸多改良，其中 RESSAS（Rapid Expansion from Supercritical to Aqueous Solution）和 RESOLV（Rapid Expansion of a Supercritical Solution into a Liquid Solvent）是两种重要的方法。RESSAS 和 RESOLV 分别采用表面活性剂和水溶性聚合物作为分散剂和稳定剂，这些添加剂溶解在水溶液或其他液态溶

剂中，并将超临界流体喷向此溶液。RESOLV 法制备的纳米粒具有分布窄、粒径小（一般小于 10 nm）的特点，且制备方法简易，无须事先形成胶束纳米孔等纳米模板。

超临界流体快速膨胀共沉析（CO-precipitation during the Rapid Expansion of Supercritical Solution，CORESS）则是将药物和载体分别与 SCF 在连通的容器中形成溶液。这些溶液在高压加热容器中充分混合，形成均一的药物-载体-SCF 溶液，随后通过喷嘴将溶液雾化至一定温度的常压环境中，形成药物-载体的微米或亚微米颗粒。

此外，还有采用固体共溶剂（Rapid Expansion of Supercritical Solution with Solid Cosolvent，RESS-SC）的方法，该方法旨在改善溶质在超临界流体中的溶解度。

2. SCF 作为抗溶剂的气体反溶剂及其衍生技术

气体反溶剂法（Gas Anti-Solvent，GAS）是将配制好的药物、药物-聚合物有机溶媒泵入制粒釜中，随后通入 CO_2 气体并调整至指定压力。在较高压力条件下，CO_2 能溶解于有机溶媒中并使溶媒膨胀，从而降低溶媒对药物-聚合物载体的溶解度，即 CO_2 气体起到抗溶剂作用，使溶液体系达到过饱和状态，进而析出溶解的溶质（药物、药物-聚合物载体）。SCF 作为抗溶剂的优点主要包括以下几点：一是药物、载体的选择灵活，没有过多限制（在近临界、超临界状态下溶解性过高的药物或载体除外）；二是药物、载体可调至较高浓度。采用 GAS 法制备微粒的影响因素主要包括以下几点：一是 CO_2 通入有机溶液的速率，二是制粒釜的温度与压力，三是流体搅拌速度，四是溶液初始浓度，五是溶媒类型。相较于其他 SCF 制粒方法来说，GAS 法的优点是操作过程简单，设备要求略低，缺点是高压釜中通入 CO_2 时溶液较难达到均匀的体积膨胀，因此难以实现均一的过饱和度。此外，GAS 法的操作过程为非连续型，这会限制该法在工业生产中的广泛应用。

应用气溶胶溶剂萃取系统（Aerosol Solvent Extraction System，ASES）则是在制粒釜中先充入 CO_2 至预定压力，使其达到临界状态，随后喷入含有药物和聚合物的有机溶液或混悬液。在超临界 CO_2 的作用下，药物和聚合物迅速析出，形成微粒。以 ASES 法制备脂质体，可以克服传统方法制备脂质体时有机溶剂残留不易解决的问题，产品粒径为 5 ~ 10 μm，包封率为 80% ~ 100%。ASES 法是在富含超临界 CO_2 的体系中形成微粒，而 GAS 法是在富含液体相的环境中形成微粒。ASES 法可实现半连续化制粒，在工业化生产中具有较好的应用前景。

超临界反溶剂法（Supercritical Anti-Solvent process，SAS）与 GAS 法的主要区别在于所采用的反溶剂不同。GAS 法采用高压气体，而 SAS 则采用超临界流体作为反溶剂。SAS 的连续基本操作如下：先将超临界流体（如超临界 CO_2）充满沉淀槽，待其达到动态平衡（温度和压力均恒定）后，再将含有溶质的溶液通过一个高压雾化喷嘴喷入其中，超临界流体使雾化液滴迅速膨胀并析出结晶，形成的粒子沉降在容器下部的过滤装置上。含有溶剂的超临界流体从罐底流入减压罐进行气液分离。制粒完毕停止雾化喷液，超临界流体继续循环以洗净沉淀颗粒表面的残留溶剂。可以通过调节 SAS 中反溶剂的流速、溶质在溶剂中的初始浓度、喷嘴形状及喷射压力等物理参数，对结晶的形态、粒径大小及粒度分布进行控制。连续过程制得的粒径形状和粒度分布还与溶液及反溶剂在沉淀槽内达到动态平衡时的温度、压力、流速等因素有关。在有机溶剂中加入其他辅料或聚合物，还可以形成载药聚合物骨架结构或载药微球。

超临界流体强化溶液快速分散技术（Solution Enhanced Dispersion by Supercritical Fluid，SEDS）是在 SAS 的基础上，采用双路或三路通道的同轴喷嘴，在溶液进入制粒釜前，借助高速的超临界 CO_2 在混合腔内形成湍流，从而使超临界 CO_2 与溶液充分混合，提高萃取率，得到更细小的喷射液滴。

3. SCF 作为溶质的气体饱和溶液沉析技术及其衍生技术

气体饱和溶液沉析技术（Precipitation from Gas Saturated Solution，PGSS）利用压缩气体在熔融状态下的物料中溶解度远高于熔融物料在压缩气体中的溶解度的特性，通过将一定温度的压缩气体与熔融物料混合形成溶液，并在高压下将该混合物雾化分散至常压容器中，从而形成微粒。PGSS 的操作温度较低，能降低压缩气体的操作压力并减少其用量，同时能避免有机溶剂的使用，具备连续化生产的优势。然而，使用 PGSS 如何制备出载药量高的亲水性药物——载体微粒仍是一个技术难题。二氧化碳辅助雾化及泡式干燥（CO_2-Assited Nebulization and Bubble Drying，CAN-BD）在 PGSS 的基础上进行了改进：①采用低死体积的 T 型混合器，可迅速成乳；②利用加热的惰性气体（如 N_2）在较低温度下干燥所得的气溶胶，提高干燥效率。

超临界辅助雾化造粒（Supercritical fluid Assisted Atomization，SAA）是在 PGSS 的基础上发展起来的新型制粒技术。其原理是将 SCF 与水溶液混合达到溶解平衡状态后，通过高压喷嘴进行雾化，随后在沉淀釜内形成沉淀。针对不同的物系，SAA 技术可以通过调整压力来灵活选择操作条件。SAA 技术的特点在于能够在含水体系下操作，并且引入了雾化干燥步骤，这有助于减少产品的溶剂残留量。

3.2.1 药物微粉化

在超临界流体的高压作用下，晶体颗粒高速运动并相互碰撞，从而使颗粒变小。因此，超临界流体沉淀技术在药物微粉化方面的应用非常广泛。传统的药物微粒化技术，如机械磨碎、喷雾干燥或重结晶等，往往存在化学降解、溶剂残留、高温导致药物失活、微粒尺寸大且分布较宽等问题。RESS 克服了这些传统技术的缺点，具有操作条件温和、制备的微粒尺寸分布均匀、粒子流动性好、结晶纯度高、无溶剂残留、洁净环保、工艺简单等优势，已成为医药领域应用非常广泛的新型药物微粒化技术。

徐永泰等利用 RESS，针对药物 2-乙氧基苯甲酰胺，成功制备了微米级药物微粒，以提升其溶解特性。他们以超临界 CO_2 作为溶剂，研究了 RESS 中萃取温度、萃取压力、膨胀前温度与膨胀后温度对生成药物微粒平均粒径的影响。实验表明，萃取压力对粒径的影响相对不显著。通过 RESS，他们获得了平均粒径为 2. 1 μm 的微粒，相较于原始药物的 15. 4 μm，实现了显著的微粒化效果。

胡国勤等采用 RESS 成功制备了粒径小且分布均匀的球形或类球形盐酸氟桂利嗪微粒，其平均直径为 1. 285 ~6. 893 μm。通过正交试验优化，他们得到了该工艺的最佳条件：萃取温度为 35 ℃，萃取压力为 25 MPa，喷嘴温度为 140 ℃，夹带剂用量为 0. 3 mL/min，在此条件下制备的微粒平均粒径为 1. 386 μm。

然而，RESS 在对极性药物进行微粒化时会受到溶解度的限制，Rostamian 和

Lotfollahi 以薄荷醇为固体共溶剂，通过 RESS-SC 工艺成功实现了阿司匹林的微粉化。他们研究了 0.1 MPa ~ 0.8 MPa 的膨胀压力、30 ~ 70 ℃的预膨胀温度、2 ~ 6 cm 的喷雾距离、300 ~ 700 μm 的喷嘴直径和喷嘴类型（孔-毛细管）对阿司匹林颗粒形态及尺寸的影响。他们还通过 X 射线衍射（X-Ray Diffraction，XRD）和扫描电子显微镜（Scanning Electron Microscope，SEM）分析，对所获得的颗粒进行了表征。最终，利用 RESS-SC 工艺，他们获得了粒径为 0.17 ~ 6.61 μm 的阿司匹林颗粒。

氟哌啶醇是一种水溶性较差的药物，其疗效会受到溶出行为的限制。Khudaida 等通过 RESS 纳米化技术来提高氟哌啶醇的溶解度。为了设计 RESS 纳米化工艺，他们测量并报告了氟哌啶醇在超临界 CO_2 中的溶解度数据，摩尔分数为 3.4×10^{-7} ~ 1.4×10^{-5}，温度为 40 ~ 60 ℃，压力为 22 MPa。使用平均绝对相对偏差小于 5% 的半经验方程将测得的溶解度数据进行了关联。在 RESS 研究中，他们对运行参数的影响进行了比较和讨论。结果显示，氟哌啶醇的结晶习性由不规则改为球形，平均粒径降至 300 nm。在经过 RESS 处理后，氟哌啶醇的溶解速率提高了 74 倍。

de Freitas Rosa Remiro Paula 等利用 SAS 工艺来促进水溶性差的免疫刺激药物咪喹莫特的微粉化。他们评价了温度、压力和药物浓度对药物颗粒形成、大小与产率的影响。他们通过对过程变量的组合分析发现，压力和浓度的增加会导致颗粒尺寸增大和产率降低，而压力和温度的组合、温度和浓度的组合则会导致尺寸及产率的减小。微粉化提高了药物的溶出率，药物体积平均减少了很多。

Machmudah 等以姜黄提取物为原料，采用 SAS 沉淀法将其与聚乙烯吡咯烷酮（polyvinyl pyrrolidone，PVP）结合形成微粒，以提高其稳定性、生物利用度和在水中的溶解度。他们以丙酮为溶剂，超临界 CO_2 为反溶剂，研究了压力和提取物/PVP 比例对所形成颗粒的粒径及形态的影响。微粒的表征包括颗粒形态和生物活性化合物的官能团。SAS 工艺在不同压力（8 MPa，12 MPa 和 16 MPa）下进行，提取物/PVP 比例分别为 1∶0、1∶10 和 1∶20，CO_2 流速恒定为 15 mL/min，溶液流速恒定为 0.5 mL/min。结果成功制备了粒径在（175±95）nm 和（376±137）nm 之间的纳米颗粒。SEM 图像显示，从姜黄提取物溶液中沉淀出不规则形状的颗粒，而在姜黄提取物/PVP 溶液中则形成了球形颗粒。此项目的研究结果有望提高天然产物中生物活性化合物在制药工业中的应用。

Aguiar 等研究了采用 SEDS 技术制备聚羟基丁酸酯-羟基戊酸酯微粉和聚（3-羟基丁酸酯-co-3-羟基戊酸酯）（PHBV）微粉。聚羟基丁酸戊酸酯共聚酯是一种可生物降解的聚合物，因其良好的生物相容性而在生物医学和食品行业中得到了广泛应用。该研究的主要目的是通过 SEDS 技术将 PHBV 微粉化，并评估此过程中聚合物结晶度可能的变化。他们的研究采用了具有三个中心点的 2^3 因子复合材料设计，以分析压力、温度和 PHBV 浓度对生成的颗粒尺寸的影响。所得微粉化颗粒大多呈球形，尺寸为 210 ~ 720 nm，且产品中不含有机溶剂。实验结果显示，当聚合物在 8 MPa 的压力下处理时，PHBV 结晶度相较于在 10 MPa 和 12 MPa 压力下处理的聚合物及原料聚合物，高约 20%。这一发现表明，通过调整 SEDS 技术的工艺参数，可以有效地控制 PHBV 的结晶度，从而为其在药物输送系统中的应用提供可能性。

3.2.2 药物微囊/微球

在超临界流体中制备包合物，由于不存在溶媒分子与药物对空穴的竞争，从理论上来说应有较高的包合率，且产品中无溶剂残留，后处理过程相对简单。超临界流体的低黏度、高扩散性使许多高分子包衣材料能够均匀地分散在其中。药物颗粒在超临界流体中的高迁移速度促进了它们与包衣材料的充分结合，从而形成粒度均匀、避免粘连的微粒。通过选择特定的聚合物作为载体，不仅可以避免药物的氧化和/或失活，还能掩盖其感官特性（如颜色、味道和气味）或改变其释放动力学。因此，这种方法能够提高难溶性药物的生物利用度，或者延长药物释放时间。

双氯芬酸（Diclofenac）是最常用的非甾体抗炎药之一，然而其半衰期短，需要大剂量、频繁给药，这往往会引发许多副作用，尤其是胃肠道副作用。茶碱（Theophylline）在高药物浓度下会增加副作用（甚至毒性作用）的风险，因为其治疗范围非常窄。因此，缓释制剂成为优选，以减少给药频率和不良反应。为了改进药物输送系统，喷雾干燥、冷冻干燥、乳化/溶剂蒸发、离心挤出、气流粉碎和凝聚等传统技术被用于生产聚合物/药物共沉淀粉末。然而，这些技术通常存在生产的颗粒粒度分布宽、不规则、包封率低，以及可能因产品中的机械或热应力和/或有机溶剂残留而影响材料降解等缺点。相反，基于超临界流体技术，特别是当使用超临界 CO_2 时，因其无毒、无污染且廉价，并且具有适中的临界参数（T_c=31.1 ℃，P_c=7.38 MPa），成为克服上述限制的成功替代方案。SAS 沉淀作为最常用的超临界流体技术之一，已成功用于制备药物或聚合物/药物纳米颗粒、微粒和膨胀微粒。

Franco 等采用 SAS 将 Eudragit L100 - 55（EUD）与 Diclofenac 和 Theophylline 共沉淀，以制备具有延长药物口服释放特性的复合微粒。他们在优化条件（压力为 10.0 MPa，总浓度为 50 mg/mL）下，制备出了平均尺寸分别为 2.92 μm 和 1.53 μm 的 EUD/Diclofenac 20/1 和 10/1 w/w 的微粒。对于 EUD/Theophylline 系统，在 12.0 MPa 的条件下制备出了平均直径为 3.75 ~ 5.93 μm、轮廓分明的微球。他们还通过 SEM、差示扫描量热法（Differential Scanning Calorimetry，DSC）、X 射线显微分析、FT-IR 和 UV-vis 光谱等多种技术对制备的复合材料体系进行了表征。溶出度研究表明，EUD 具有显著延长药物释放至几天的潜力，从而减少因药物过度使用而产生的副作用。

Peng 等研究发现，双载药纳米颗粒可以提高协同治疗效率，减少抗癌药物的副作用。他们采用改进的超临界流体辅助雾化（SAA-HCM）技术，在水/乙醇共溶剂体系中成功制备了盐酸阿霉素（DOX）和紫杉醇（PTX）共负载的壳聚糖纳米粒子。他们还研究了水/乙醇体积比、溶液浓度、CO_2/液体质量流量比、壳聚糖分子量和沉淀器干燥温度对纳米颗粒外观及尺寸的影响。在优化的操作条件下，他们制备出平均直径为（173±6.6）nm 的球形纳米颗粒。固态表征结果显示，经过 SAA-HCM 技术处理后，DOX 和 PTX 的结构完整性得以保持，且微粉化 DOX 和 PTX 的热行为与原材料一致。他们还观察到了 DOX 和 PTX 的晶体向非晶态的变化。通过体外细胞毒性评价，DOX 和 PTX 在壳聚糖纳米粒子中共负载后，其生物活性得到了很好的保持，并展现出显著的协同作用。这项工作不仅扩展了 SAA-HCM 技术在双载药纳米颗粒制备中的应用范围，还为利用绿色可持续技术高效制备协同给药系统提供了宝贵的参考。

Liang 等采用 SEDS 技术，以羟丙基-β-环糊精（HP-β-CD）为载体，制备了包合物，旨在提高尼群地平（NT）的口服生物利用度。他们还通过 XRD，

SEM，FT-IR，DSC，MS 和 NMR 等多种手段对所得颗粒进行了表征，证实了超临界 CO_2 中包合物的形成。相溶解度测试表明，NT 与 HP-β-CD 的络合反应以 1∶1 的化学计量比进行。此外，他们还详细考查了不同操作参数（包括溶剂、温度、压力、摩尔比和浓度）对颗粒尺寸和溶解的影响。结果显示，与纯 NT 和物理混合物相比，利用 SEDS 技术可以显著提高 NT 的溶解度和溶解性。他们的研究为利用 SEDS 技术制备高溶解度、低毒性的包合物提供了理论依据。

有的研究聚焦于 HP-β-CD 和乙醇对难溶性有机化合物二丙酸倍氯米松（BDP）的增溶作用。例如，采用相溶解度法测定药物的增强溶解度，并将其与 HP-β-CD 和乙醇浓度的函数进行关联分析。药物溶解度的显著提升得益于环糊精和 BDP 包合物的形成，以及水性乙醇对疏水性 BDP 亲脂性的增强。可以以 CO_2 为喷雾介质，54.2%（w/w）的乙醇水溶液为溶剂，并加入最佳量的分散促进剂亮氨酸，采用超临界辅助雾化（SAA）制备 BDP 和 HP-β-CD 复合颗粒。有的研究进一步评估了 HP-β-CD 与 BDP（Z）的质量比对复合颗粒体外雾化性能和体外溶出性能的影响。结果表明，复合颗粒的细颗粒分数随着质量比的增加而增加，且水溶性辅料 HP-β-CD 能有效提高 BDP 从复合颗粒中的溶出速率。这些研究表明，使用 SAA 技术生产的 BDP-HP-β-CD 复合颗粒可用于肺给药的立即释放药物制剂。

水飞蓟宾（SLB）是一种抗肝毒性多酚物质，目前已被应用于多种急/慢性肝病的治疗。然而，其溶解性差和生物利用度低的问题，极大地限制了其治疗应用。Teng 等通过气溶胶溶剂萃取系统（ASES）设计并制备了 SLB/PVP 纳米药物，以期解决上述问题。在 ASES 工艺中，人们采用二甲基甲酰胺/高纯 CO_2 溶剂/反溶剂策略，通过共沉淀制备 SLB 和 PVP。所获得的 SLB/PVP 纳米药物（表示为 NanoSLB）的尺寸可以从 100 nm 调节到 300 nm。与原料 SLB 相比，纳米 SLB 结晶度低，因此药物溶解度显著提高，增幅高达 8 倍以上。这项研究拓宽了非水溶性药物在药物治疗领域的应用范围。

3.2.3 药物固体分散体

固体分散体是指药物高度分散在适宜的惰性载体中所形成的一种以固体形式

存在的分散体系。将药物均匀分散于固体载体的技术称为固体分散技术。固体分散体的主要特点是利用不同性质的载体，使药物在高度分散的状态下，达到不同要求的用药目的：①显著提高药物的溶出速率，从而提升药物的口服吸收与生物利用度；②延缓或控制药物的释放；③提高药物的稳定性；④改变中药传统剂型。

目前，制备固体分散体的方法主要有熔融法、溶剂法、熔融-溶剂法、研磨法、喷雾（冷冻）干燥法、静电旋压法及超临界流体技术等。其中，利用超临界流体技术制备固体分散体是近几年才发展起来的一种新方法，最常用的流体是 CO_2（因为其价廉易得、无毒且超临界条件容易达到）。超临界 CO_2 适中的临界温度和惰性气体性质，能够有效避免热敏性和易氧化物质的破坏；其黏度低、表面张力低和渗透性高，以及无须后续处理的特点，大大节省了时间，提高了制备效率。使用超临界 CO_2 制备的固体分散体的粒径均匀可控、纯度高，几乎无溶剂残留。

超临界抗溶剂技术是一种制备难溶化合物二元固体分散体的有效方法。这种方法不需要碾磨，从而避免了对颗粒晶形的破坏，能够获得粒度分布单一的晶体，且晶体粒度可达几个微米。此外，超临界抗溶剂技术操作温度低，特别适用于热敏性药物。李冬兵等以丙酮为有机溶剂，以超临界 CO_2 为抗溶剂，采用 GAS 法制备了乙酰氨基酚-PEG 固体分散体，并利用 SEM，DSC，PXRD 等手段研究了颗粒的物理性质。结果显示，颗粒的平均粒度为 130 μm，DSC 结果与溶剂法相似，但制备的固体分散体分散性增强，与水的接触面积增大，溶出速度和溶出量均随之增大。因此，选用 GAS 制备乙酰氨基酚-PEG4000 固体分散体不仅具备可行性，还具备实用性。

郑杨等以不同方法制备难溶性药物——非诺贝特固体分散体，并进行了工艺比较。他们采用物理混合法、熔融法、溶剂法及超临界流体技术制备非诺贝特固体分散体，并通过体外累计溶出度及 DSC 来评估不同方法制备固体分散体的差异。结果显示，采用超临界流体技术制备的非诺贝特固体分散体的溶出速率显著提高，累计溶出量最大，60 min 内药物累计溶出率达到 93.49%，对药物的增溶效果显著。DSC 曲线进一步表明，采用超临界流体技术制备的固体分散体中非诺贝特吸收峰几乎完全消失，这意味着非诺贝特可能以无定形状态或分子状态存在于固体分散体中。因此，用超临界流体技术制备非诺贝特固体分散体优于常用方法。

3.3 手性化合物拆分

手性化合物（chiral compounds）是指分子结构完全相同，但空间排列相反的化合物，如同实物与其镜中的映像。这种特性就像人的左手和右手，它们结构相同，从大拇指到小拇指的排列次序也相同，但方向不同，左手是由左向右，右手则是由右向左，因此这种现象被称为“手性”。一对手性分子互为镜像，但不能重叠。

手性是宇宙间的一个普遍特征，尤其体现在生命的产生和演变过程中。例如，自然界存在的糖类，以及核酸、淀粉、纤维素中的糖单元，都为 D-构型；而地球上的一切生物大分子的基元材料 α-氨基酸绝大多数为 L-构型。此外，蛋白质和 DNA 的螺旋构象是右旋的。人们还发现，海螺的螺纹和缠绕植物的生长方向也多为右旋。面对充满“手性”的自然界，人们逐渐认识到生物体内同样存在手性环境。作用于生物体内的药物及农药，其药效作用往往与它们和体内靶分子间的手性匹配和手性相关。因此，手性药物研究显得尤为重要。

在用于治疗疾病的药物中，有许多是手性药物。手性药物的不同对映异构体在生理过程中可能会显示出不同的药效。特别是当一种对映异构体对治疗有效，而另一种可能表现出有害性质时，情况就更复杂。20 世纪 60 年代的沙利度胺事件便是一个惨痛的教训。在消旋体“反应停”中，R-(+)-沙利度胺是有药且安全的，而 S-(-)-沙利度胺则具有致畸性。这个事件使人们深刻认识到，对手性药物的两个异构体分别进行评估是十分重要的。

一些药物的另一对映异构体可能具有不良作用，因此开发单一构型异构体的动力主要来源于药物安全的考量，以及日趋严格的监管要求。此外，手性药物的对映体在药效学、药代动力学等方面存在显著差异。获得手性化合物的方法主要有三种：手性源合成、手性催化、手性拆分。其中，手性拆分是实现手性药物单一（药用）构型的分离和提纯（手性纯度提升）的经典方法，尤其是针对仅含一个手性碳的药物。手性拆分经济易行、操作简便、易于实现工业化生产。

手性拆分是指利用物理、化学或生物等多种拆分方法，将已存在的外消旋体通过分离纯化得到单一光学异构体。手性拆分技术大体上可分为以下几种：优先结晶法（preferential crystallization）、形成非对映体盐结晶法、色谱法、萃取法、酶法等。

1. 通过晶体学方法进行手性拆分

结晶法具有操作简单、产品纯度高、易于实现工业化生产的优点，缺点是适用于结晶拆分的化合物较少。过去人们认为，适用于结晶拆分的化合物应为外消旋混合物，而外消旋混合物在所有晶体外消旋体中仅占5%～10%。但优先富集（preferential enrichment）现象的发现，打破了这一传统观念。结晶拆分不依靠外来手性源，而是通过外消旋体自发结晶实现拆分，包括机械拆分外消旋混合物、优先结晶、优先富集、结晶诱导的去外消旋化和消磨诱导的去外消旋化等多种方法。其中，结晶与手性位点外消旋化相结合，不仅有利于提升拆分效率，还能节约生产成本，因此有巨大的应用前景。

优先结晶，亦称晶种法。优先结晶的原理是在外消旋混合物的过饱和溶液中加入单一对映体的晶种，以此诱导该对映体优先结晶析出，从而实现拆分。该方法的优点是不需要加入外源手性拆分剂，容易实现规模化生产。优先结晶拆分的前提条件是底物需要具备外消旋混合物的性质，即同手性作用强于异手性作用。因此，在选择优先结晶拆分方法前，需要先研究底物的理化性质（如熔点、溶解度、晶型等），以确定其是否属于外消旋混合物。一般认为外消旋混合物只占所有外消旋晶体的5%～10%。

优先富集是具有外消旋化合物性质的非外消旋体在过饱和溶液中动力学析晶，形成亚稳态晶体。在向热力学稳定的晶型转化的过程中，部分位于不规则排列区域的晶体溶于母液，使母液具有较高的ee值。优先富集应满足以下条件：①单一立体异构体的溶解度应远大于外消旋体的溶解度；②结晶过程中发生固-固多晶型转化；③多晶型转化前后的晶体结构需要有所差异；④转化过程中需要产生不规则晶体；⑤热力学稳定的非外消旋晶体能够保留结晶过程中发生的对称性破缺的痕迹。

2. 通过成盐进行手性拆分

成盐拆分法是利用外消旋体与某一手性试剂（又称拆分剂）反应，生成两种非对映异构体盐或其他复合物，并通过这些复合物在溶解性能上的差异来实现非对映异构体的分离的方法。最终，通过化学手段移除手性试剂，从而获得单一目标对映体。1853 年，Pastrure 对这种拆分方法进行了全面的阐述，并指出该方法在拆分具有酸碱性的外消旋体时具有显著优势，但也存在一定的局限性。在拆分过程中，手性试剂的选择是决定拆分成功与否的关键。

合适的拆分剂应具备以下条件：①必须容易与外消旋体中的两个对映体结合，生成非对映异构体，并且在拆分后能够容易地实现原对映体化合物的再生；②反应生成的非对映异构体中，至少有一种能形成较好的结晶；③应尽可能具有较高的旋光纯度；④应廉价易得，或者易于回收再利用。

常见的酸性拆分剂包括酒石酸（Tartaric Acid，TA）及其衍生物，如二苯甲酰酒石酸、二对甲苯甲酰酒石酸、扁桃酸、苹果酸等。常用的手性有机碱拆分剂包括辛可宁、辛可尼丁、苯乙胺等。

3. 通过共结晶进行手性拆分

通过成盐进行手性拆分是一种常用的方法，但该方法也存在一定的局限性。当化合物不具备成盐的位点，或者酸碱性太弱而不能成盐时，共晶便成为成盐法的有效补充。通过共结晶（co-crystallization）进行手性拆分，主要依赖两种策略。第一种策略是利用手性化合物作为主体基质，其形成的腔体对目标分子的其中一种对映异构体具有选择性。第二种策略则是目标化合物的对映异构体与一种手性对映异构体试剂（如 L-malic acid，L-mandelic acid，L-lactic acid，L-tartaric acid 等）共同形成具有两种组分的晶体结构。在此过程中，可能会出现两种情况：①对映异构体试剂仅与目标化合物的其中一种对映异构体形成共晶；②与两种对映异构体均形成共晶。无论出现哪种情况，共晶的晶格能及其物理化学性质（如溶解度、熔点等）均会发生变化，从而实现分离。

在制备共晶的过程中，溶液法是最常用的方法，但是由于溶剂的介入，问题变得十分复杂。除此之外，共晶也可以通过机械研磨获得，特别是通过液体辅助研磨（Liquid-Assisted Grinding，LAG）技术。该技术可以避免在溶液体系中因拆分剂与底物溶解度差异而无法获得热力学稳定的共晶的问题，从而提高寻找适合形成共晶的拆分剂的效率。

4. 手性色谱拆分

外消旋体通过手性色谱柱（Chiral HPLC Columns）实现其两种构型的分离。手性色谱柱是由具有光学活性的单体固定在硅胶或其他聚合物上制成的手性固定相。通过引入手性环境，对映异构体间会呈现出物理特征的差异，从而达到光学异构体拆分的目的。要实现手性识别，手性化合物分子与手性固定相之间至少存在三种相互作用，这些相互作用包括氢键、偶极-偶极作用、π-π 作用、静电作用、疏水作用及空间作用。手性分离的效果是多种相互作用共同作用的结果。这些相互作用通过影响包埋复合物的形成、特殊位点与分析物的键合等方式，改变手性分离的结果。由于这种作用力较微弱，因此需要仔细调节和优化流动相及温度，以达到最佳的分离效果。

色谱拆分方法主要包括气相色谱、超临界流体色谱、毛细管电泳和毛细管电色谱等。高效液相色谱因其独特的优势，成为手性分析领域最常用的一种技术。高效液相色谱分离法又分为手性固定相法和手性流动相添加剂法，前者应用更为广泛。

超临界流体色谱是一种流动相温度和压力均高于或略低于临界点的色谱技术，常用的流动相包括 CO_2、NH_3、正丁烷等，其中 CO_2 最为常用。超临界流体具有黏度小、扩散系数大、密度高等特点，具有强溶解能力，可以迅速将产物洗出，且适用于分离难挥发和热稳定性差的物质。超临界流体色谱的应用已经从单纯的手性药物分析扩展到能够生产几毫克到几百克样品的半制备或制备规模。例如，益康唑、贝康唑、联苯康唑等抗真菌药物的分离就是通过超临界流体色谱技术实现的。

5. 酶法手性拆分

有时用酶解法可以将外消旋体分开，酶对底物具有非常严格的立体选择性。以合成的丙氨酸为例，经过乙酰化处理后，可以利用从猪肾中提取的一种酶进行酶解，该酶对 L 型丙氨酸的乙酰化物的水解速率要比 D 型的快得多。因此，通过酶解过程，可以将乙酰化物转化为 L-丙氨酸和乙酰-D-丙氨酸。由于这两种产物在乙醇中的溶解度区别很大，因此它们可以很容易地被分开。

6. 萃取拆分法

萃取拆分法是利用萃取剂与被拆分对象的两个对映体之间亲和作用或化学作用差异进行拆分分离的一种新型方法。其与传统萃取技术的区别在于，萃取剂需要具有光学活性。在工业化生产中，传统的萃取技术本身具有诸多优势，若能够将其应用于手性化合物的制备，其意义将极为重大。然而，由于缺乏成熟的手性识别理论指导手性萃取剂的选择，因此该领域的开发面临较大的挑战。目前，已有文献研究了利用 L-酒石酸萃取拆分 DL-麻黄碱、DL-樟脑磺酸等，采用氨基酸衍生物的 Cu^{2+} 配位物萃取拆分 DL-缬氨酸、DL-亮氨酸、DL-异亮氨酸、DL-苯丙氨酸等，利用 L-苯乙胺与菊酸所形成的盐进行超临界萃取拆分，采用双水相萃取拆分 DL-色氨酸等外消旋混合物。

拆分介质是拆分技术的核心。上述各种拆分方法均需要依赖特定的拆分介质来实现对映体的分离，如非对映体盐结晶法中的拆分剂、酶法中的酶、萃取法中的萃取剂、色谱法中的吸附剂、膜法中的固体膜或液膜。尽管不同的拆分方法采用的拆分介质性能差异非常大，但有一点是相同的，即拆分介质必须是手性的，且具备手性识别能力。手性识别能力的强弱与介质的分子结构，特别是空间结构密切相关。识别能力越强，拆分效果越佳。此外，在不同的拆分方法中，介质分子结构与手性识别能力之间的关系并不是孤立的，往往存在共通之处。

拆分技术的另一个关键要素是拆分溶剂。溶剂的种类和性能对拆分效率有重大影响，有时甚至是决定性的。例如，在非对映体盐结晶法中，非对映体盐只在某些溶剂中表现出溶解度的差异；在萃取拆分法中，手性萃取剂在不同的溶剂中的手性识别能力差异显著；在酶拆分法中，已提出“溶剂工程”概念，这说明溶剂与拆分介质同样重要。从工业化角度来看，水是最合适的溶剂，但实践表明，并非所有体系均适合将水作为溶剂，部分体系以水为溶剂时无法达到拆分效果，因此，深入研究溶剂对拆分过程的作用机理至关重要。

超临界流体作为一种对环境友好的溶剂，在手性拆分过程中适用性很强。它不仅可以作为萃取拆分过程的溶剂，还可以用于酶拆分的反应介质、色谱法中的流动相，以及非对映体盐结晶法中的溶剂。通过改变体系的压力和温度，可方便地控制拆分过程。由于 CO_2 的临界温度接近室温，在此温度附近操作可避免消旋化或热力学降解。高丽红等对近年来国外报道的超临界流体萃取拆分技术进行了研究，包括根据非对映体盐反应要求选择手性拆分剂，评估主要反应产物在超临界 CO_2 中的溶解行为，运用数学模型关联和预测实验数据，探索超临界流体萃取拆分的最佳条件，以及研究建立手性化合物的分析方法等，并取得了令人鼓舞的成果。同时，他们利用超临界流体萃取拆分技术，以伪麻黄碱为拆分对象，成功将消旋伪麻黄碱转化为非对映体盐，并以超临界 CO_2 为萃取溶剂，从反应混合物中分离出伪麻黄碱的一个异构体，实现了伪麻黄碱的拆分。

第4章 超临界 CO_2 流体萃取技术在化工行业中的应用

随着科技的不断进步，化工行业正逐步向更高效、更环保、可持续的方向发展。超临界流体萃取作为一种前沿的分离技术，凭借其独特的优势在化工行业中得到了广泛应用。该技术已在热敏性物质分离、低蒸汽压油品与聚合物分离、高沸点化合物分离、化学废水处理、活性炭再生等领域展现出巨大潜力。本章聚焦超临界 CO_2 流体萃取技术在天然香料提取、工业废水处理、石油废油处理及有机物水溶液萃取等方面的应用，深入分析其主体应用方向与发展前景。

（1）香精香料行业：超临界 CO_2 流体萃取技术在植物精油提取方面应用广泛，如玫瑰油、薰衣草油等。鉴于植物香料精油易于受热挥发，超临界 CO_2 作为溶剂，不仅能在低温下高效溶解精油，还便于后续分离，从而确保高提取率与产品纯度。该技术操作简便，广泛应用于夜来香油、玫瑰油、丁香油、樟脑油等多种精油的提取。相比传统方法，超临界 CO_2 流体萃取能够更好地保留原料的香气和色泽，显著提升产品品质。

（2）石油化工：在石油化工领域，超临界 CO_2 流体萃取技术也得到了应用。例如，在重油裂解过程中，利用该技术能有效分离并回收重油中的轻质组分，显著提升裂解效率与产品质量。

（3）高分子材料制备：超临界 CO_2 流体萃取技术可以用于高分子材料的制备。可以通过调节超临界 CO_2 流体的温度和压力，实现对高分子材料结构的精确控制，从而制备出性能优异的高分子材料。

（4）工业废水处理：超临界 CO_2 流体萃取技术可以用于环保领域，如处理工业废水中的有害物质。这种技术可有效提高废水处理效率和水质。

尽管超临界 CO_2 流体萃取技术在化工行业中已取得显著进展，但仍面临设备成本高、特定物质萃取过程需要进一步优化等挑战。未来，随着科技的进步与成本的降低，该技术有望在化工行业中得到更广泛的应用。同时，深入探究其原理与特点，紧跟应用进展，将有助于我们更好地把握其发展趋势，为化工行业的绿色、可持续发展贡献力量。

4.1　植物天然香料提取

植物性天然香料（flora natural perfume）是以芳香植物的花、枝、叶、根、皮、茎、籽或果等为原料，通过水蒸气蒸馏法、浸提法、压榨法、吸收法、酶法提取、超临界流体萃取、分子蒸馏、微波法提取等方法，加工而成的精油、浸膏、酊剂、香脂、香树脂和净油等，如玫瑰油、茉莉浸膏、香荚兰酊、白兰香脂、吐鲁香树脂、水仙净油等。

提取植物天然香料的方法主要包括以下几种：

1. 水蒸气蒸馏和水中蒸馏法

水蒸气蒸馏和水中蒸馏法广泛应用于叶、茎、干、树皮、籽和根等原料的精油提取，如薄荷、柏木、桂皮、香根、山苍子等。

2. 压榨法与冷磨法

压榨法与冷磨法主要用于甜橙、柠檬、香柠檬等柑橘果类的精油提取。由于不经过加热，所得精油香气更为新鲜。

3. 溶剂浸取法

溶剂浸取法主要用于鲜花、芳香植物树脂、辛香料的加工。根据原料不同，所选用的挥发性有机溶剂包括石油醚、乙醇、丙酮等。鲜花浸取后的浸液，在脱除溶剂后所得的物质称为浸膏，如茉莉浸膏、白兰浸膏等。若原料为树脂类，则称为香树脂，如防风香树脂、安息香树脂等。若原料为辛香料，则称为油树脂，如辣椒油树脂、芹菜籽油树脂等。由于浸膏含蜡质较多，溶解性能较差，常用乙醇提取醇溶性香成分，并滤去不溶性的蜡质，最后通过减压蒸馏去除乙醇，得到净油。

此外，采用液态丁烷、二氧化碳和超临界流体萃取技术提取天然香料是较新的工艺，目前仅应用于少数香料的提取。

4.1.1 精油提取

天然植物精油是一类易挥发、具有强烈香味和气味的油状液体，可通过水蒸气蒸馏等方法从植物中提取出来。然而，由于天然植物精油的活性物质有热敏性，目前采用的常规方法如水蒸气蒸馏、溶剂浸提和压榨法存在收率低、纯度低及有毒溶剂残留等缺点，且功能成分易受到破坏，难以满足现代精油工业对高质量精油的需求。

超临界流体萃取法以超临界流体为溶剂萃取，将萃取物（如精油）从基质（芳香植物）中萃取分离出来，也是溶剂萃取法之一。最常应用的超临界流体是 CO_2，其优点是无色、无味、无毒、不燃烧，跟大部分物质无化学反应，且成本低廉。相较于常见的蒸馏与溶剂萃取方法，超临界流体萃取有温度低、无溶剂残留等优势。常见的通过超临界 CO_2 萃取的精油有生姜、乳香、金盏花等，这些精油因成分丰富，质地浓稠，气味也与传统蒸馏法提取的精油有所不同。

在利用超临界流体萃取技术从植物中提取精油时，通常需要考虑以下几个方面：一是精油的表征；二是超临界流体的性质及其提取过程中的关键参数，如温度、压力、原料粒度、夹带剂的使用、流速及水的影响，同时包括分馏的重要性、收集方法的选择，以及超临界流体萃取所得的精油的抗菌和抗氧化活性；三是实验设计在超临界流体萃取精油过程中的应用，包括筛选、优化和建模等环节。

天然植物精油作为化妆品不用额外添加防腐剂，因为它本身就具有一定的抑菌杀菌功能，最有效的天然防腐剂是精油和各种草本成分，如迷迭香、丁香、百里香、肉桂、茶树油、薰衣草、印度楝和葡萄籽等。

Al Bayati 等的研究进一步证实了超临界流体萃取技术在提高精油提取率和抗菌活性方面的优势。他们对比了牛至、薰衣草、鼠尾草、八角茴香和丁香等植物通过超临界流体萃取与水蒸气蒸馏两种方法获得的挥发性提取物和精油的提取率、化学成分及抗菌活性。他们还通过气相色谱-质谱联用（GC-MS）技术分析了采用两种方法（超临界流体萃取与水蒸气蒸馏）所得材料的精油化合物，并采用琼脂扩散法测定了这些提取物对五种不同食源性微生物（金黄色葡萄球菌、铜绿假单胞菌、大肠杆菌、粪肠球菌和肺炎克雷伯菌）的抗菌活性。研究结果显示，对于所有测试的芳香植物，超临界流体萃取的提取产率和抗菌活性均高于水蒸气蒸馏法。

柚子皮是水果加工业中获得的有价值的副产品，其果皮渣中含有香精油、果胶、膳食纤维、色素及多酚类化合物等。经过深加工后，水果本身的经济价值会大大提升。开发果皮、果渣是现代果类加工业的重要环节，同时可以为果农增加种植的附加值。此外，这个加工过程还可以促进废物的有效再利用，有助于减少环境污染，保护生态环境。

Gilani 等采用水蒸气蒸馏法和超临界 CO_2 流体萃取技术，从柚子皮中提取了精油，并对提取物的产量、物理特性、生物活性成分、化学成分、抗氧化和抗菌活性进行了评估与比较。研究结果表明，相较于水蒸气蒸馏法，超临界 CO_2 流体萃取技术在提高提取物产量、总酚含量、黄酮类化合物及柠檬烯的获取上表现更为优异。提取物中柠檬烯、苯酚和类黄酮具有优异的抗菌活性及抗氧化性，因此可作为天然功能添加剂。

Thanh-Chi Mai 等采用超临界 CO_2 流体萃取技术对废柚子皮中的精油和柚皮苷进行了有效的提取及其体外抗菌活性研究。利用超临界 CO_2 流体萃取技术可以显著提高精油中 D-柠檬烯的含量。实验结果表明，这两种天然产物在体外均展现出强大的抗菌能力，其中精油对卡他球菌、化脓性链球菌和肺炎链球菌表现出高度活性；而柚皮苷对所有测试的微生物菌株均具有良好的抑制作用。特别需要注意的是，柚皮苷似乎是一种对真菌菌株（如红色毛癣菌、须生毛霉菌）具有高抑制作用的化合物。在计算研究方面，分子对接模型及其验证证实了 D-柠檬烯对卡他球菌有很好的抑制作用。同时，柚皮苷的分子对接模型及其分子动力学模拟表明，该化合物具有潜在的配体相互作用，从而证实其是一种有效的真菌抑制因子。

马齿苋是一种常见的野菜。实际上，马齿苋是一种具有许多益处的神奇植物。在护肤领域，马齿苋提取物被视为温和且有效的成分，能均匀肤色，促进肌肤光滑与紧致。马齿苋中含有强大的抗氧化剂，这些成分有助于减少疤痕和抑制皱纹的形成，刺激细胞修复和促进胶原蛋白生长，长期使用能让皮肤更显年轻态。

Norodin 等采用超临界 CO_2 流体萃取法，研究了从马齿苋种子中提取精油的工艺参数，包括粒度、萃取时间、溶剂流量、萃取温度及萃取压力等（实验在 20 MPa～30 MPa 的压力范围和 40～60 ℃的温度区间内进行）。他们在 30 MPa 和 50 ℃的条件下研究了粒度对精油总提取量的影响，同时研究了不同温度及恒定压力 30 MPa 下精油的提取。此外，他们还测定了 CO_2 流速为 2 mL/min，3 mL/min 和 4 mL/min 时对提取效果的影响。从实验数据来看，当萃取时间为 120 min、粒度为 0.5 mm、CO_2 流速为 4 mL/min、压力为 30 MPa，且温度为 60 ℃时，能够获得最高的精油产率。通过超临界 CO_2 流体萃取分离的精油，不仅可以展现出优异的抗氧化活性，还具备较高的抗菌活性，显示出较强的自由基清除潜力。

在全世界所使用的天然香精油中，柑橘类精油是应用最为广泛的一种。柑橘类精油不仅在食品工艺方面有重要应用，还在天然香料加工方面（如化妆品和芳香清洁剂等领域）展现出广泛的用途，同时也是非常重要的化工和医学原料。有研究指出，柑橘类精油还具有良好的食品保鲜、抑菌及抗氧化作用。由此可见，柑橘类精油具有广泛的开发与应用价值。

超临界 CO_2 流体萃取法在提取挥发油方面，具有收率高、香味纯正、提取时间短、生产效率高且无污染等优点。但是采用此方法对柑橘类果皮的挥发油进行提取的研究相对较少。李勇慧等通过对柑橘类果皮挥发油的成分的研究，为综合利用开发柑橘类挥发油提供了理论依据。他们采用超临界 CO_2 流体萃取法，萃取了沃柑、柠檬、脐橙和芦柑四种柑橘类果皮的挥发油，并运用气相色谱-质谱法对其成分进行了详细分析。结果显示，沃柑、柠檬、脐橙和芦柑的出油率分别为 0.620%，0.556%，0.593% 和 0.742%，从四种柑橘样品中分别检测出了 39 种、33 种、37 种和 31 种成分，主要包括萜烯类、醇类、醛类、酯类、酮类及酚类，其中萜烯类、醇类、醛类的含量相对较高。四种柑橘类果皮的挥发油中的共有成分包括 D-柠檬烯、β-榄香烯、香茅醇、榄香醇、葵醛、(E, E, E)-2,6,10-三甲基-2,6,9,11-十二烷四烯-1-醛等。同时，不同柑橘类果皮的挥发油中还含有其独特成分。这些共有及特有成分被认为是影响柑橘类果皮品质的重要因素之一。他们还通过保留指数来鉴别同分异构体，从而提高天然香原料中化合物定性的准确性。

芹菜为一年或两年生草本植物。其茎叶既可作为蔬菜，也可用作调味料。而其种子则常用于提取精油，这些精油可在食品和化妆品中作为调和香料使用。将芹菜籽精油作为烟用香料的应用目前尚不够广泛。为了开发新的高品质烟用香料产品，李雪梅等采用超临界 CO_2 流体萃取、同步水蒸气蒸馏-溶剂萃取、溶剂浸提等方法制备了芹菜籽油。他们进一步对采用不同提取方法制备的芹菜籽油进行了得率分析、化学成分分析、香气品质评价和卷烟加香效果评估等方面的对比研究。研究结果显示，超临界 CO_2 流体萃取的芹菜籽油得率（11.15%）与溶剂浸提方法的得率（12.80%）接近，但远高于水蒸气蒸馏-溶剂萃取的得率（0.6%）；同时鉴定出 21 种主要挥发性香气成分，这些成分占挥发油总量的 92.98%。通过评香和卷烟应用实验，研究人员发现采用超临界 CO_2 流体萃取的芹菜籽油香气更自然浓郁，且在卷烟中的应用效果最佳，能有效改善卷烟吸味。

葡萄芳香物质是葡萄中一类会令人产生愉悦感的挥发性物质的总称。葡萄果皮中的芳香物质多于果肉中的芳香物质。在加工葡萄汁（或葡萄酒）的过程中，所利用的芳香物质仅占葡萄果实（葡萄皮+葡萄果肉）总芳香物质的 47.41%，这意味着大量的芳香物质随着葡萄皮的废弃而被浪费。因此，葡萄皮的综合利用已成为葡萄产业高效转化与增值过程中亟待解决的问题。张振华等针对葡萄皮综合利用问题，以玫瑰香葡萄为实验材料，通过影响超临界流体萃取葡萄皮精油的单因素研究及工艺优化，确定了最佳工艺参数。他们研究了萃取温度、萃取压力、萃取时间三个因素对超临界 CO_2 流体萃取葡萄皮精油得率的影响，并据此进行了工艺优化。研究结果显示，在影响超临界 CO_2 流体萃取葡萄皮精油效率的因素中，各个因素的主次作用依次为萃取时间>萃取温度>萃取压力，最佳工艺条件如下：萃取时间为 35 min，萃取温度为 35 ℃、萃取压力为 30 MPa。

4.1.2　净油提取

净油是以纯净乙醇为溶剂，通过低温萃取浸膏后，再经过冷冻除蜡制成的产品。它可直接用于配制各种高档香水。常用的净油包括晚香玉、茉莉等。提取净油的方法主要包括溶剂制取法和浸提法。这些方法采用溶剂浸泡原料，使原料中的挥发性香成分融入溶剂中，随后去除溶剂并进行提纯，从而得到净油。这些方法特别适用于挥发性不强的香原料，以及那些在高温蒸馏过程中可能导致气味发生变化的娇嫩珍贵植物，如玫瑰、水仙花、晚香玉、茉莉花等。采用超临界流体萃取法，在较低温度下无须加热除去溶剂，非常适合食用香料的加工萃取。采用此法制得的制品香气更加接近天然原料，且无溶剂残留。但超临界流体萃取的设备投资大，技术要求较高，所以在工业领域的应用尚不广泛。值得注意的是，虽然植物的净油在气味上不一定与原株完全一致，但其气味在细节上更为丰满，在品质上更加卓越。因此，在天然香原料中，净油无疑属于高级品种。

茉莉花隶属于木樨科素馨属，原产地为印度和阿拉伯地区。目前，我国的广西、云南、福建等地区是大面积栽培茉莉花的主要区域。我国栽培的茉莉花面积居世界首位，占据了全球种植面积的$\frac{2}{3}$。在加工茉莉花的过程中，通常采用石油醚浸提法从鲜花中提取浸膏，得膏率为0.25%～0.35%。所得浸膏通常为蜡脂状固体，具有清香的茉莉香气；通过乙醇萃取浸膏制取净油，得油率为40%～55%。净油通常是具有茉莉香气的红棕色液体。精油是通过水蒸气蒸馏法从茉莉花朵中提取而来的，为淡黄色液体，有天然茉莉花的香味。茉莉油具有清鲜温浓的茉莉花香，香气细微且透发性好，留香持久。在卷烟加香领域，茉莉油能够显著提升卷烟的清鲜香气和自然风味，有助于凸显烟草的本香，并改善吸烟时的口感体验。

刘丽芬等采用超临界流体萃取技术制备茉莉花净油。通过超临界流体萃取的茉莉花净油，共分离并鉴定出56种组分，这些组分占总峰面积的85.42%。研究发现，当茉莉花净油的用量仅为0.000 05%时，便能显著提升卷烟的烟香和甜润感，增加丰富性和透发性。而当茉莉花净油的用量增加至0.0001%～0.0002%时，卷烟的烟香和甜润感更是得到明显增强，同时烟香的丰富性、透发性也有所提升，并能有效改善卷烟的木质气。然而，当茉莉花净油的用量达到0.0005%时，烟香会显得过于浓郁，并出现浓郁的花香味，这表明净油已过量。因此，适当添加茉莉花净油（一般建议用量为0.0001%～0.0002%）能够显著增强卷烟的烟香、甜润感、丰富性和透发性，从而明显提升卷烟的吸味品质。他们的研究也指出，茉莉花净油的得率较低，物料的堆积密度小，设备投资费用较高，且设备的处理量较小，生产成本相对较高，因此要实现茉莉花净油的工业化生产，还需要进一步研究和探索。

烟草净油作为一类从烟草类植物中提取的致香化合物，能增强烟草的特征香气，使烟气饱满和改善烟香透发性，并能减少刺激，去除杂气，提高卷烟的档次，被认为是烟草制品中最理想的添加剂之一。当前，烟草净油的制备多采用传统方法，如水蒸气蒸馏、有机溶剂萃取及分子蒸馏等。然而，这些方法存在得率偏低、易导致热敏性成分分解、预处理步骤复杂、处理设备昂贵，以及对主要致香成分萃取选择性不高等问题，限制了产品品质的提升。余世科等利用超临界 CO_2 流体萃取技术，从糊毛烟叶中提取糊毛烟净油，所得净油呈红褐色，澄清透亮，得率为5%。经 GC-MS 分析发现，该净油中含有大量的烟草特征致香化合物。在卷烟中适量添加该净油后，其独特的糊毛烟香味能显著提升烟气的细腻度和柔和感，有效抑制刺激性杂气，赋予卷烟独特的风格特征，显著提高抽吸品质。因此，糊毛烟净油是一种理想的高品质烟用香料。李雪梅等利用超临界流体萃取技术从香料烟浸膏中萃取烟草净油，并且研究了萃取温度、萃取压力、萃取时间、CO_2 流量、夹带剂的种类及用量等参数对烟草净油的品质和得率的影响，确定了最优的萃取工艺条件：混合萃取溶剂为超临界 CO_2 流体中添加4~8（体积比）的夹带剂组成，萃取温度为40~45 ℃，萃取压力为25 MPa~30 MPa，CO_2 流量为2~4 L/min，萃取时间为3~5 h。在此条件下，可得到相当于原料量8%~10%的烟草净油。他们用 GC-MS 方法对烟草净油中的挥发性化学成分进行了分析鉴定，结果显示，该烟草净油中含有多种烟草中的挥发性特征香气化学成分。卷烟加香评吸结果显示，利用此方法制备的烟草净油能显著改善卷烟的抽吸品质，增强烟香，减少刺激，掩盖杂气，使烟气更加甜润、细腻，是一种高品质的烟用香料。

超临界流体萃取技术具备高效分离或浓缩有效成分的能力。然而，超临界 CO_2 流体萃取技术在应用过程中面临着设备一次性投资较大的问题，且其操作成本相较于水蒸气蒸馏法和有机溶剂萃取法均偏高。但该技术在发展过程中表现出巨大的潜力，并且其产物在组成上具有传统方法无法比拟的优势：

（1）与水蒸气蒸馏法相比，超临界 CO_2 流体萃取的产物富含含氧化合物，而单萜烃含量较低。由于天然香料香气的关键组分多为含氧化合物，且单萜烯烃一般对香气的贡献较小，易氧化变质，从而影响产品质量。

（2）产品中含有较多的头香成分。这是因为超临界 CO_2 流体萃取法在较低的温度下进行，所以产物中含有较多的头香成分。

（3）超临界 CO_2 流体能萃取出部分油脂，因此产物中含有较多的底香成分，这有助于持久保留香气。虽然有机溶剂也能萃取出底香成分，但其选择性较差，产物油树脂中常含有大量杂质，容易影响在香料工业中的应用效果。

（4）该技术能有效防止天然香料中热敏性或化学不稳定组分被破坏。相比之下，水蒸气蒸馏法因在高温下进行，某些不稳定成分可能会发生水解或其他反应，从而损害产品质量；有机溶剂萃取也存在类似问题。

（5）对于辛香料，水蒸气蒸馏法通常只能提取其精油部分，而其风味成分需要通过超临界流体或有机溶剂萃取获得。然而，有机溶剂萃取常存在溶剂残留问题，而超临界 CO_2 流体萃取则不含溶剂残留物，因此在天然香料工业中具有广阔的应用前景。

4.2　在石油炼制领域的应用

在重油轻质化的过程中，渣油加氢技术凭借轻质油收率高，在产品结构、产品质量及环保等方面展现出明显的优势，得到了越来越广泛的应用。渣油加氢—催化裂化组合工艺作为有效的渣油转化技术之一，能够将渣油轻质化，而将加氢处理后的渣油作为催化裂化装置的进料，可以生产出硫、氮含量很低的轻质油品。但是，随着原料重质化趋势加剧，加氢处理后的渣油中仍含有相当比例的胶质和沥青质的重质组分，这些组分中金属和杂原子含量高、残炭值大，容易导致在催化裂化加工过程中遇到各种问题，如催化剂失活速率加快、产品分布和质量变差、再生部分出现比较严重的热点且热点出现频次高。

超临界流体萃取技术在油品分离领域的应用，最初便是针对重质油的分离。重质油作为原油中的一种，因其高黏度和高密度特性，以及复杂的分子结构，在充分利用其有价值组分前，需要先进行有效的分离。重质油的分离主要基于以下原则：不同溶剂中的溶解度差异、组分的极性差异、酸碱度差异，以及分子体积和质量等因素。重油的分离有多种方法，其中美国 Kerr-McGee 炼油公司开发的渣油超临界萃取（Residuum Oil Supercritical Extraction，ROSE）及其后续改进形式，是重质油超临界萃取的典型流程。

ROSE 工艺是国际领先的脱沥青技术，设备耗能低、投资少、脱油率高，可同时生产脱沥青油（Deasphalted Oil，DAO）、脱油沥青（deoiled asphalt）和树脂三种产品，处理硬沥青效果较好。在萃取阶段，该工艺通过精心选择的超临界条件，使超临界流体具有足够高的溶解能力，从而精确地将脱沥青油从渣油中萃取出来。随后，在溶剂回收段，通过适当改变温度、压力，便可使超临界流体的溶解能力大幅度下降，甚至完全丧失，从而使脱沥青油从溶剂中分离出来，使溶剂得以循环使用。

ROSE 工艺采用轻质、易获得的烷烃溶剂，从富含沥青质的原料中萃取出脱沥青油。在下游的脱沥青油分离器中，溶剂与脱沥青油被有效分离，溶剂得以回收并循环利用。溶剂的选择依据是给定进料所需的脱沥青油纯度和产率。一般以轻烃（如乙烷、丙烷、丁烷和戊烷）和芳烃（如苯、甲苯）作为超临界溶剂。这主要是由于它们对被分离的组分具有很好的溶解能力，且其临界压力低于 CO_2，有助于降低高压设备的投资成本。同时，尽管轻烃溶剂的临界温度高于 CO_2，但最高不超过 200 ℃。在渣油分离过程中，最高操作温度不超过 250 ℃，就不会导致油品的过热分解。此外，这些溶剂的沸点均较低，便于溶剂与产品的有效分离。值得注意的是，溶剂的溶解能力不仅受压力和温度的影响，还与溶剂及溶质性质密切相关。随着轻烃溶剂碳原子数的变化，其溶解能力也会发生显著变化。因此，针对不同性质的石油重质油，需要选用适宜的溶剂。例如，对于相对分子质量较低且沸点不高的重质油，可选丙烷作为溶剂；而对于富含强极性化合物且沸点较高的重质油（如减压渣油），则宜选用丁烷和戊烷作为溶剂。总之，选择合适的溶剂可达到良好的分离效果，并且可减少溶剂循环量，提高设备的处理能力，并降低操作费用。

与常规的溶剂脱沥青技术相比，ROSE 的优越性主要体现在以下三个方面：

（1）可显著降低脱沥青油中的金属含量和残碳含量，从而获得合格的催化裂化原料。

（2）利用超临界流体的特性，通过改变压力或温度即可实现产物的分离与溶剂的回收，这个过程不仅可以降低能耗，还可以简化操作流程。

（3）通过适当调节各级分离器的操作条件，并经过多级分离过程，可将重质油按相对分子质量和极性的大小依次分离成多个窄馏分，实现精密分离。

ROSE 工艺能够从大气常压和/或减压渣油，以及其他原料（如热裂解或催化裂解的残渣）中提取高质量的脱沥青油。根据所选萃取溶剂的不同，这些脱沥青油可广泛应用于流化催化裂化（Fluid Catalytic Cracking，FCC）、加氢裂化（包括沸腾床加氢裂化）工艺，以及润滑油基础油的生产中。而脱油沥青一般用于道路沥青、气化、焦化及燃料等领域。胶质（即树脂）一般用在金属加工、润滑脂、防水纤维产品、涂料、橡胶和塑料生产中。胶质的性质介于脱沥青油和沥青之间，其硫含量大致与减压渣油相当，而金属含量低一些，几乎不含沥青质，黏度比沥青小。

Lodi 等设计并开发了一套超临界流体萃取实验装置，在实验室规模下研究了脱沥青工艺。该实验装置主要由一台泵、一个有效容积为 3 L 的萃取器及一个分离器组成。在超临界状态下，采用石油渣油（包括减压渣油和常压渣油）作为原料，并以 CO_2 作为萃取溶剂。可以通过精确控制温度和压力，确保溶剂维持在所需的超临界条件，以此促进萃取过程的进行，并有效避免系统发生急剧或不稳定的变化。在超临界条件下进行的实验中，脱沥青油流中所获得的产品展现出了类似润滑油的特性，而沥青残渣流中的产品则具有较高浓度的沥青分子。

李春霞等采用超临界流体萃取技术对 FCC 油浆进行处理，得到了适宜制备中间相沥青的原料。在超临界流体萃取处理前，FCC 油浆性质偏差，含有较多的重胶质和沥青质，因此在常温下流动性较差。然而，经过处理后，FCC 油浆中的胶质和残炭值明显降低，沥青质和灰分值为零，金属含量显著降低，同时运动黏度显著降低，流动性得到了显著改善。尽管如此，其芳香烃含量和芳香度仍处于较高值。经超临界流体萃取预处理，FCC 油浆的性质已基本满足制备中间相沥青的要求。进一步研究发现，在热缩聚条件为 420 ℃、持续 4 h 的条件下，FCC 油浆萃取组分得到的中间相沥青的性质最好。

刘春林等采用超临界流体萃取技术分离大港常压渣油，有效脱除了一些喹啉不溶物和固体杂质，且获得了相对分子质量分布窄、反应性均一的组分。该组分经加压缩聚处理后，不仅提高了炭化收率，还进一步改善了其性能，为制备高性能炭材料提供了有效的途径。大港常压渣油经过异丁烷超临界流体萃取分离后，得到的 56% ~79% 馏分，再经加压缩聚制得的中间相沥青，具有反应活性高、反应均匀、体系流动性好和相溶性强等特性，是制备高性能炭材料的理想前驱体。体系中合理的脂肪侧链及环烷烃含量和相对分子质量分布，是保证中间相良好发展的必要条件。

高温煤焦油在常温下为黑色黏稠液体，是一种由芳香族化合物组成的复杂混合物，其中包含大量沸点相近、具有恒沸点的化合物及热不稳定的化合物。对煤焦油化学组成的研究是评价其品质，并据此确定和优化加工方案的基础，然而，由于煤焦油分子量和沸点分布宽，且受热易分解结焦，因此必须先将其切割分离为多种窄馏分。传统的蒸馏分离煤焦油的方法存在温度高、收率低、过程热耗大及工艺烦琐等不足，亟待改进。

超临界流体萃取分馏（Supercritical Fluid Extraction and Fractionation，SFEF）方法因传质速率快、易实现相间分离、设备简单、过程能耗低，以及可利用超临界溶剂的溶解能力随温度和压力的变化来调节各馏分的族组成分布等优点，成为研究的热点。丁一慧等采用超临界戊烷萃取分馏技术处理高温煤焦油，旨在将其有效分离成多种窄馏分，从而探索出一种高效的煤焦油分离方法。在实验中，他们使用正戊烷作为溶剂，在超临界状态下，温度设定为 220 ℃，将萃取压力从 5 MPa 增加至 15 MPa，将高温煤焦油萃取分馏为 10 个液相窄馏分和 1 个固相沥青产物，切割深度达 78.36%，萃取沥青收率为 21.64%，这一数据明显低于常规蒸馏过程中的沥青收率。

王红等利用超临界流体萃取分离技术，对齐鲁渣油加氢装置的原料减压渣油（简称原料减渣）和加氢后减压渣油（简称加氢减渣）进行了分离研究。他们评估了在相同分离条件下，原料减渣与加氢减渣的萃取情况，并对超临界流体萃取的窄馏分性质变化规律及残渣性质进行了深入分析。研究结果显示，随着窄馏分累积收率的增加，窄馏分中的残炭、硫含量、氮含量、芳烃和胶质含量均增加。与原料减渣相比，加氢减渣经超临界流体萃取后得到的窄馏分，在金属含量、残炭和硫含量方面均大幅度下降，显示出更优的二次加工的性质。在相同的分离条件下，加氢减渣比原料减渣具有更高的窄馏分累积收率。采用超临界流体萃取技术对加氢减渣的溶剂脱沥青行为进行初步评价的结果显示，利用溶剂脱沥青工艺分离加氢减渣是一种十分有效的手段。

减压渣油（Vacuum Residue，VR）是原油中相对分子质量最大、沸点最高、杂原子含量最多的组分，其高效利用在石油资源日益减少且向劣质化、重质化转变，以及轻质油品需求增加的背景下，显得尤为重要。为了合理加工减压渣油，必须对其结构和组成进行精细化的研究，将渣油的微观结构特性与其宏观性质紧密关联。

陈永光等利用抚顺石油化工研究院的超临界流体萃取分馏装置，将伊朗减压渣油和沙轻减压渣油的混合油（简称 AMVR）分离成一系列的窄馏分，并对其化学结构和性质进行了全面研究。研究发现，AMVR 具有较低的氢碳原子比，饱和分含量比较低，而芳香分、胶质及金属含量较高，属于劣质渣油，加工性能比较差。在 AMVR 超临界流体萃取过程中，窄馏分的性质随收率增加呈现规律性的变化：残炭值、硫（S）和氮（N）的含量、金属镍（Ni）和钒（V）、芳香碳率、芳香碳数、芳香环数均呈递增趋势；而环烷碳率、烷基碳率及缩合度参数则呈下降趋势。氮含量、金属镍和钒在最后一个窄馏分及残渣中有富集现象。此外，随着收率增加，窄馏分中的饱和分含量逐渐减少，芳香分和胶质含量逐渐增加，各窄馏分中基本不含沥青质，沥青质基本全部富集到残渣中。随着收率的增加，窄馏分的特征化参数呈递减趋势，其中前两个组分 KH 值大于 7.5，累计收率为 20.1%，具备良好的二次加工性能；第 3 ~5 个窄馏分 KH 值介于 6.5 和 7.5 之间，累计收率为 30.05%，二次加工性能中等；第 6 个窄馏分 KH 值小于 6.5，累计收率为 8.3%，二次加工性能较差。

综上，超临界流体萃取技术实现了重质油的精密分离，通过设置适当的操作条件（如压力、温度等因素），能够获取相对分子质量和极性不同的窄馏分，同时可以使馏分中金属含量、残炭显著降低。该方法凭借过程易控、节省能耗等优点，现已成为石油化工领域中具有一定发展潜力的新型提取分离方法。但萃取分离过程通常在高压下进行，对设备的要求较高，在工业化生产方面应结合现有理论、数据进行深入研究。此外，还可将其他分离方法与超临界流体萃取技术联用，探索高效、科学的分离纯化方法，以推动我国石油化工行业的发展。

4.3 在环保领域的应用

随着全球环境问题日益严峻，环境污染物的多样化和复杂化使环境与发展之间的矛盾日益突出。各国已纷纷将环境保护提高到一个新的战略高度。由于排放限制和排放标准日益严格，对有毒有害物的治理难度不断加大，且费用很高。因此，如何有效治理工业“三废”（废气、废水、固体废物），提高治理技术的效率，并确保在治理过程中不产生新的污染，已成为环保领域研究的热点。

目前，针对废气和废水的治理，吸附分离技术是较为常用的方法；而固体废物的治理则多采用分离、填埋和焚烧等。然而，吸附分离在有害物的回收效率、吸附剂的再生和处置等方面仍面临着很多难题；填埋从本质上来说只是污染源的转移；焚烧则可能产生新的大气污染（如毒性更高的二噁英等致癌物），且净化吸附流程复杂，投资及运行成本较高。因此，迫切需要一些高效的环保技术来解决目前的环境问题。

超临界流体因其独特的性质，在材料制备、医药和反应工程等领域的应用已日趋广泛，并逐渐受到环保领域的关注。鉴于许多污染物（如有机溶剂、重金属等）会对环境和人类健康构成严重威胁，而传统污染治理方法往往效果不佳，超临界流体萃取技术则提供了一种新的解决方案。该技术利用超临界流体的强溶解能力，能够选择性地从废水或废气中萃取目标物质，有效减少污染物的排放，实现环境修复和治理。

此外，超临界流体萃取还可以应用于固体废物的处理和资源回收，实现废物的减量化和再利用。目前，环境保护领域常用的超临界流体萃取技术包括超临界水氧化技术（Super Critical Water Oxidation，SCWO）和超临界 CO_2 流体萃取技术。

超临界水氧化技术是由美国学者 Modell 等在20世纪80年代中期提出的一种创新的水污染控制方法，该技术以节能、高效、适用性强等特点而著称。美国指出，SCWO 是最具潜力的废物处理技术之一。美国能源部科学家 W. H. Paul 指出，鉴于 SCWO 具有诸多优势，用它来代替焚烧法有极大的潜力。

SCWO 和焚烧法都具备极高的去除率，均能达到99%以上。然而，当前焚烧法的应用存在如下缺点：①运行费用高，处理一吨废水或废液的成本为1 600 ~2 200元；②设备投资大，增加了处理设施的建设和运营成本；③焚烧法处理后的烟气中含有 NO_X，HCl 等酸性气体，这些气体若未经妥善处理直接排放，极易造成更严重的二次污染，因此需要后处理设备；④当废水中有机物浓度小于30%时，需要添加处理量为水量$\frac{1}{3}$的柴油维持燃烧。

SCWO 处理后产生的热能，除了可以维持自燃，还可以回收利用。当水处于温度为 374.2 ℃、压力为 22 MPa 的超临界状态时，其诸多性质会发生显著变化。超临界水具有较低的介电常数、较高的扩散性和快速的传输能力。在超临界状态下，水更像是一种非极性溶剂，因此超临界水能够与非极性物质（如戊烷、己烷、苯和甲苯等有机物）完全互溶。同时，一些在通常状态下只能少量溶于水的气体，如氧气、氮气、CO_2 和空气等，可以以任意比例溶解于超临界水。相反，无机物质，特别是盐类，在超临界水中的溶解度很低。正是这些特殊的溶剂化特性，使超临界水成为氧化有机物质的理想介质。通过向超临界水中溶解氧气，可使氧化反应速度加快，同时使在常规反应条件下不易分解的有机废物快速氧化分解，是一种绿色的“焚化炉”技术。

SCWO 可用于各种有毒有害废水、废物的处理，对大多数难降解的有机物均有很高的去除率。该技术特别适用于处理难分解的有机氯化物、污泥及其他危险性有机物等。在处理完成后，当系统恢复至常温常压状态时，水与一般流体无异，不会产生二次污染。

含油污泥因为产出量大，难降解且处理复杂，已成为油田生产中亟待解决的一大难题。作为石油生产的主要污染源之一，含油污泥的成分极为复杂，含有大量的老化原油、蜡质、沥青质、胶体、固体悬浮物、细菌、盐类、酸性气体、腐蚀产物等。此外，在污水处理过程中还会加入凝聚剂、缓蚀剂、阻垢剂、杀菌剂等水处理药剂。含油污泥主要由油井产出液中含油的大量泥沙在沉降罐中沉积而成。荆国林等利用一套简便实用的超临界水氧化实验装置，对油田含油污泥的超临界水氧化处理进行了实验研究。研究结果显示，超临界水氧化反应能有效去除油田含油污泥中的原油，在条件不是很苛刻的情况下，原油去除率可达到 95%。反应停留时间、反应温度、反应压力和实际过氧化氢质量与理论需氧量之比是影响含油污泥原油去除率的重要因素，pH 对去除率也有影响但不大。含油污泥原油去除的适宜反应条件如下：温度为 420～440 ℃、压力为 24 MPa～30 MPa、反应停留时间为 10 min、氧化剂过氧量为 5～7 倍、最佳 pH 为 10。

张守明和高波根据 SCWO 的基本流程，结合设备需要承受高温、高压的特点，借鉴国外 SCWO 的研究成果，结合实际情况，设计并建立了一套 SCWO 实验装置系统。该系统采用间歇式超临界水氧化方式，利用水在超临界状态下的特殊性质，将难降解的有机物彻底氧化分解。在高压、高温环境下，废水中的有机污染物能与氧气充分反应，生成无毒的 CO_2、水及其他化合物，从而达到净化废水的目的。经此处理后的水无须再进行二次净化处理。

石油炼制、石油化工、炼焦、染料、印染、制革、造纸、选矿等均会产生含硫废水，这些废水会对环境造成严重污染。针对不同来源的含硫废水，需要采用不同的处理方法。目前已有的处理方法，如气提法、液相催化氧化法、多相催化氧化法、燃烧法等，均存在一定的局限性。其中，某些方法的去除率不高，而燃烧法等还可能因生成 SO_2、SO_3 等气体造成二次污染。另外，许多含硫废水的成分复杂，除了含有硫离子（S^{2-}），还含有酚、氰、氨等其他污染物，这些污染物需要分别进行处理，从而使处理流程变得比较复杂。

向波涛等研究了采用 SCWO 在 400～500 ℃、24 MPa～30 MPa 的条件下处理含硫废水。研究结果表明，利用 SCWO 能够高效去除废水中的硫离子。通过增加反应空时、反应压力及氧硫比，可显著提高硫的去除率。在较低温度下，温度的升高对硫的去除率的影响并不明显。然而，在较高温度下，升高温度则能显著提升硫的去除率。

尽管 SCWO 具备很多优点，但其高温高压的操作条件无疑对设备材质提出了严格的要求。另外，虽然已经在超临界水的性质、物质在其中的溶解度及超临界水化学反应的动力学和机制方面进行了一些研究，但这些研究成果与开发、设计和控制超临界水氧化过程所必需的知识与数据相比，还远远不能满足需求。

在实际进行工程设计时，除了需要考虑体系的反应动力学特性，还必须关注一些工程方面的因素，如设备的腐蚀问题、盐的沉淀现象、催化剂的使用、热量传递效率等。尽管 SCWO 目前仍存在一些有待进一步研究和解决的问题，但由于其本身具有突出优势，在处理有害废物方面越来越受到重视，被视为是一项具有广阔发展和应用前景的新型环保处理技术。

在超临界 CO_2 流体萃取技术中，CO_2 的临界温度为 31.1 ℃，临界压力为 7.38 MPa，因此该技术能够在接近室温的条件下实现超临界流体操作。超临界 CO_2 对多数有机物具有较大的溶解能力，而在水中的溶解度小，同时其黏度低、扩散系数大。此外，CO_2 还具有不可燃、无毒、化学稳定性好、价格低廉、易于获取等优点。

由于超临界 CO_2 对不同类型的有机物具有超强的溶解能力，因此可用于回收工业废水中的腈、酚、链烷、环烷、烯烃、芳烃、萜烃、脂肪族卤代烃、芳族卤代烃、醇、醚、酮、醛、酯、脂肪族硝基化合物、芳族硝基化合物、胺、酰胺等有机物，回收方法主要是超临界流体萃取工艺。孙旭辉等用超临界 CO_2 直接接触法萃取含有苯酚、丙酮、苯胺、苯和硝基苯等有机物的工业废水。该方法的萃取条件温和，且萃取效果远远优于有机溶剂萃取，能节省大量有机溶剂，同时不会对水体造成二次污染。尤其对化学氧化法和生化法难以处理的硝基苯，其萃取率很高，总体处理效果非常好。他们还评估了超临界 CO_2 流体对含有高浓度苯酚及低浓度丙酮、苯、苯胺、硝基苯等有机物的萃取效果。以 COD_{Cr} 去除率为考查指标，采用正交试验确定了超临界 CO_2 流体萃取的最佳工艺条件：萃取压力为 40 MPa，萃取温度为 70 ℃，CO_2 流量为 30 L/h，萃取时间为 80 min，在最佳条件下 COD_{Cr} 的去除率可达到 98.8%。

工业固体废物中普遍存在各种有毒的重金属物质，这些有毒的重金属物质一旦进入水体，就会严重破坏水生环境，危害人类健康。超临界 CO_2 对其中部分重金属成分有很好的溶解效果，能使这部分重金属溶解在其中，从而降低固体废物中的重金属进入土壤后对地下水产生的污染。因此，超临界 CO_2 流体对锰、铅、锌、铬等重金属有良好的萃取效果，可以用于固体废物处置。但是，在处理金属废物时，由于 CO_2 是一种非极性物质，只能萃取呈电中性的物质，与金属离子之间仅存在微弱的溶质-溶剂相互作用，金属离子难以溶入超临界相，因此对金属离子的萃取效率很低。但如果在萃取前或萃取过程中，引入金属络合剂以形成极性较小的中性络合物，并加入一些极性夹带剂以增加其在超临界 CO_2 中的溶解度，可使超临界 CO_2 流体萃取金属离子成为可能。

印刷线路板是电子产品的重要组成部分。随着信息产业的快速发展及电子产品的不断更新换代，大量的线路板随着电子产品的淘汰而被废弃。线路板中不但含有某些有毒有害物质，还富含铜、锡等大量可重复利用的金属。因此，大量废弃的线路板不仅会对环境造成危害，还会造成资源浪费。在环境和资源问题日益突出的今天，有效回收废旧线路板具有重要的现实意义。刘志峰等将超临界 CO_2

流体萃取技术应用于废旧线路板的回收研究中，利用高温、高压回收装置对线路板进行了回收处理，并采用质谱法分析了超临界CO_2流体中的固体溶质。研究结果表明，线路板中的溴化环氧树脂在处理过程中会发生$O-CH_2$键、C（苯基）-C键及C（苯基）-Br键的断裂，从而被分解为以羟基和苯基为主要官能团的小分子量物质。他们由此阐明了超临界CO_2流体回收线路板的原理，并指出了进一步研究超临界CO_2流体回收废旧线路板的重点方向。

在现代生活中，橡胶、塑料等人工合成的高分子产品使用日益广泛。这些废旧高分子产品的化学性质稳定、难以降解，会对环境造成严重污染。因此，废旧高分子产品的回收处理问题成为环境保护工作面临的棘手问题。近年来，超临界CO_2流体萃取技术在解决废旧橡胶、塑料等回收处理问题中发挥了重要作用。该技术能在不使用溶剂和催化剂的条件下，将废旧橡胶、塑料迅速分解成油品，并通过萃取分离得到单一的石油产品，进而实现对废旧高分子材料的回收利用。

4.4 在烟草脱除烟碱领域的应用

尼古丁（nicotine），俗名烟碱，是一种有剧毒的有机化合物。在烟草植物中，尼古丁的含量相对较高。在吸烟或使用烟草制品时，尼古丁会通过肺部迅速进入血液进行循环，然后传递到大脑，这是导致吸烟成瘾的主要原因之一。尼古丁通过刺激中枢神经系统，引发一系列生理及心理效应，如提神醒脑、改善注意力等。然而，由于其有高度成瘾性，长期吸烟或使用烟草制品会对人们的身心健康造成严重影响。

尼古丁能刺激末梢血管收缩，导致心跳加快、血压升高和呼吸频率变快，从而增加患高血压、中风等心血管疾病的风险。同时，它也会对呼吸系统造成影响：吸烟或使用尼古丁制品会损害呼吸系统，增加患慢性阻塞性肺病（Chronic Obstructive Pulmonary Disease，COPD）、肺癌等呼吸系统疾病的风险。对孕妇而言，吸烟或使用尼古丁制品可能会导致早产、低体重儿和其他胎儿发育问题。

尼古丁本身并不是致癌物质，但尼古丁所存在的烟草制品（如香烟、雪茄、烟斗等）及其他含尼古丁的吸烟和咀嚼产品中，往往含有大量有害的化学物质和致癌物质。因此，吸烟或使用这些含有尼古丁的制品与患癌的风险密切相关。

同时，烟碱是无残毒、无公害的高效生物型杀虫剂，同时是重要的医药中间体，可用于生产治疗心血管疾病、毒蛇及毒虫咬伤等的药品。我国每年产生大量的废次烟叶，从中提取烟碱不仅可以变废为宝，还可获得可观的经济效益。

杨靖等对烟草中的烟碱进行了超临界 CO_2 流体萃取研究，研究了萃取时间、萃取温度、萃取压力与烟碱得率之间的关系，旨在确定最佳工艺条件。在原料粒度为 40 目、含水率为 25%、分离釜的压力为 4 MPa ~ 5 MPa、萃取温度为 40 ℃的条件下，他们系统地研究了萃取时间、萃取温度、萃取压力等因素对烟碱得率的影响，确定了最佳工艺条件：萃取时间为 2 h，萃取温度为 50 ℃，萃取压力为 30 MPa。经过验证，此条件下烟碱得率为 2.92%，为工业化生产提供了实验数据。

邱运仁等研究了采用超临界 CO_2 流体萃取技术从废次烟叶中提取烟碱的工艺条件，旨在为废次烟叶的综合利用提供参考。研究发现，用超临界 CO_2 从废次烟叶中提取烟碱的较佳工艺条件如下：萃取压力为 23 MPa ~ 25 MPa，萃取温度为 50 ~ 55 ℃，萃取时间为 150 ~ 180 min，CO_2 流量为 16 ~ 18 L/h，采用 70% ~ 80% 的乙醇作为夹带剂且其用量为烟末质量的 4 ~ 6 倍，烟末粒度为 40 ~ 60 目。在此工艺条件下，烟碱得率超过 90%，提取纯度可达到 70%。

值得注意的是，超临界流体萃取通常要求较高的萃取压力，但超声技术能有效强化这个过程。超声强化超临界流体萃取不仅可以降低超临界流体萃取系统的温度和压力，减少夹带剂的用量，缩短萃取时间，还可以明显提高萃取率。阳元娥等采用超声强化超临界 CO_2 流体萃取烟叶中的烟碱，较佳工艺条件如下：萃取压力为 21 MPa，萃取温度为 50 ℃，萃取时间为 2.5 h，CO_2 流量为 3 L/h，每克烟叶的夹带剂用量为 4 mL，超声功率密度为 100 W/L，频率为 20 kHz。在此条件下，烟碱得率超过 94%。

4.5 在农药残留分析方面的应用

农药残留是指在农业生产过程中施用农药后，一部分农药直接或间接残存于谷物、蔬菜、果品、畜产品、水产品，以及土壤和水体中的现象。农药残留也是使用农药后一段时间内没有被分解而残留于生物体、收获物、土壤、水体、大气中的微量农药原体、有毒代谢物、降解物和杂质的总称。农药，尤其是有机农药的大量施用，不仅会造成严重的污染问题，更会对人体健康构成严重威胁。

农药残留问题的根源主要在于两个方面：一方面，由于缺乏正确使用农药的基本知识，绝大多数农户仅依赖农药进行病虫害防治，一旦病虫害产生抗药性，就增加药量来防治，形成恶性循环。另一方面，农户对使用无公害农药的认识存在明显不足。有机磷类杀虫剂中有 70% 属于高毒、剧毒、高残留农药。部分农户错误地认为，使用后能迅速见效的农药就是优质农药，而忽视了那些低毒、无公害的生物农药，尽管这些生物农药价格较高且见效较慢，但其对环境和农产品的长期影响更为积极。然而，农户的这种选择偏好不仅会造成人力与物力的浪费，还会对农产品的质量安全构成潜在威胁。

有机砷、汞等农药已被禁用。六六六、滴滴涕等有机氯类农药及其代谢产物，由于化学性质稳定，在农作物及环境中消解缓慢，同时容易在人和动物体内脂肪中积累，因此虽然这些农药及其代谢物毒性并不高，但其残毒问题长期存在。相比之下，有机磷、氨基甲酸酯类农药化学性质不稳定，施用后易受外界条件影响而分解，但其中也存在部分高毒和剧毒品种，如甲胺磷、对硫磷、涕灭威、克百威、水胺硫磷等。若这些农药被用于生长期较短、需要连续采收的蔬菜上，极易导致残留量超标，从而导致人畜中毒。部分农药虽然本身毒性较低，但其生产过程中的杂质或代谢物可能具有较高的毒性。例如，二硫代氨基甲酸酯类杀菌剂在生产过程中产生的杂质及其代谢物乙撑硫脲属于致癌物，三氯杀螨醇中的杂质滴滴涕具有毒性，丁硫克百威、丙硫克百威的主要代谢物克百威和 3-羟基克百威等也需要引起高度关注。

食品中农药残留分析是指在复杂的基质中对农药化合物进行鉴别和定量测定。由于食品中农药残留量通常极低，每千克可能仅有几微克至几毫克，因此进行此类分析需要采用灵敏度高且特异性强的分析方法。自 20 世纪 80 年代以来，超临界流体萃取技术发展迅速，在诸多领域得到了广泛应用。近年来，在分析化学领域，超临界流体萃取技术的应用也明显增加。相比传统的样品前处理方法，超临界流体萃取技术的优点明显：操作简单、萃取时间短、提取率高、重现性好，对目标物选择性强，并且能将干扰成分减小到最低程度等。每个样品从制样到完成分析，采用超临界流体萃取技术需要 40 min 左右，这大大缩短了提取时间，是常规方法所不能比的。1986 年，Capriel 等首次将超临界流体萃取技术应用于土壤和植物样品中的农药残留分析，并取得了较为理想的结果。随着人们对超临界流体性质、萃取原理、过程控制等方面研究的不断深入，超临界流体萃取技术得到了广泛应用并显示出独特优势。

4.5.1 有机磷类农药残留分析

有机磷类农药是指含有磷元素的有机化合物农药，属于有机磷酸酯或硫化磷酸酯类化合物，是一类广谱杀虫剂。目前，在我国这类农药的应用较为普遍，但它们对人畜均有害。有机磷类农药主要用于防治植物上的病害、虫害及草害。由于其在农业生产中的应用非常广泛，因此在农作物中会发生不同程度的残留。有机磷类农药对人体的危害以急性毒性为主，多发生于大剂量或反复接触之后，会出现一系列神经中毒症状，甚至可能致命。有机磷类农药的品种主要包括杀螨剂和杀线虫剂等。在全球范围内有机磷杀虫剂的产量占整个杀虫剂产量的$\frac{1}{3}$以上，在我国这一比例更是在 75% 以上。尤为值得注意的是，由有机磷类农药大量使用而引起的食物中毒事件，在我国农药食物中毒中占第一位。因此，有机磷类农药残留污染是农药残留中最重要的问题，很多国家都对常用有机磷的使用量做出了明确的规定。

陈安良等建立了超临界流体萃取和气相色谱相结合的方法，用于测定鱼肌肉中毒死蜱残留量。研究表明，采用超临界 CO_2 流体萃取鱼肌肉中毒死蜱的适宜条件如下：萃取温度为 100 ℃，萃取压力为 41. 37 MPa，CO_2 流量为 1 mL/min，动态萃取时间为 30 min，静态萃取时间为 15 min，并添加 0. 5 mL 甲醇作为调节剂，收集液为丙酮。全程分析时间小于 2 h。与常规方法相比，他们的研究所采用的超临界 CO_2 流体萃取展现出了显著的优势：萃取过程仅需要大约 1 h，远快于常规方法的 2 天或更长时间；有机溶剂用量仅为常规方法的$\frac{1}{10}$；能同时完成萃取和分离两步操作，具有分离效率高、操作周期短、传质速度快、溶解力强、选择性高，以及无环境污染等优点。利用该方法对鱼肌肉中毒死蜱残留量进行测定，结果显示毒死蜱在鱼肌肉中的消解半衰期为 6.12 h。

4.5.2　有机氯类农药残留分析

有机氯类农药是人类历史上最早合成的有机农药，具有残效期长、稳定性强等特点。这类农药能通过生物富集和食物链在动物体内累积，尤其是由于其具有高脂溶性，因此它们在生物体内难以被代谢降解并排出体外，从而在生物体内富集，特别是在水生生物体内的富集倍数更高。当人类食用这些生物后，有机氯类农药便会在人体内积累，对健康产生危害。目前世界上多数国家已采取措施，停止生产和使用多数高毒性的有机氯类农药，我国也不例外。然而，由于有机氯类农药的结构稳定、难以氧化和分解，因此它们在环境中的转化和残留将持续相当长的一段时间。

万绍晖等研究了采用超临界 CO_2 流体萃取去除当归中残留的有机氯类农药。他们通过毛细管气相色谱法测定除毒前后当归中的农药残留量，以评估除毒效果，同时用高效液相色谱法测定除毒前后当归中阿魏酸及相关组分的变化，以评价除毒后当归的药用价值。研究结果显示，通过正交设计选出的最佳萃取条件如下：萃取压力为 15 MPa，萃取温度为 60 ℃，萃取时间为 20 min，流速为 15 mL/min，残留农药的除毒率可达 95.1%（RSD＝2.6%），当归中阿魏酸的相对含量为 103.5%（RSD＝3.2%），且相关组分含量没有发生显著变化。综上所述，采用超临界 CO_2 流体萃取法去除当归中残留的有机氯类农药是一种可行的方法，不仅能够有效降低农药残留量，还能保持当归的药用价值。

4.5.3　氨基甲酸酯类农药残留分析

氨基甲酸酯类农药因其性质和作用与有机磷类农药极为相似，故被广泛应用于农业生产中，包括杀虫剂、杀菌剂和除草剂等。其中，杀虫剂如涕灭威、克百威等被广泛应用于控制线虫、昆虫等害虫，杀菌剂如甲霜灵等被用于防治植物病原菌，除草剂如草甘膦等被用于控制杂草。然而，氨基甲酸酯类农药在农产品和环境中的残留问题可能对人类健康构成潜在威胁。一些研究指出，长期摄入含有此类农药残留的农产品可能对人体产生不良影响。因此，加强这些农药的健康风险评估和安全管理，显得尤为重要。

超临界流体萃取技术的引入，不仅可以显著提高氨基甲酸酯类农药的回收率，还可以促使该技术在农药的残留检测分析领域得到广泛应用。

刘瑜等提出了一种采用超临界流体萃取技术对苹果中五种氨基甲酸酯类农药进行萃取及用气相色谱检测的方法。他们以 CO_2 作为超临界流体，并加入 3% 的甲醇作为夹带剂，对三种惰性载体和加入硅藻土的苹果基体的超临界流体萃取条件进行了选择，以气相色谱配以氮磷检测器检测五种氨基甲酸酯类农药，取得了满意的结果，且回收率为 88% ~98%。此外，研究还强调，在实际样品萃取前使用惰性载体进行捕集条件的选择十分必要，硅藻土是固定有流动性样品的较好的惰性基体，而且在使用冷阱捕集时，冷阱温度对捕集效率有较大的影响。

4.5.4 拟除虫菊酯类农药残留分析

氯氰菊酯、氰戊菊酯等拟除虫菊酯类农药在水产养殖中被广泛使用，主要用于杀灭养殖鱼类体内及体表的中华鳋、锚头鳋、鱼鲺、三代虫等寄生虫。拟除虫菊酯类农药对鱼类的作用具有特殊性，主要表现为高鱼毒性，且作用迅速、死亡率高。拟除虫菊酯类农药对鱼的毒性远高于对哺乳动物和鸟类的毒性，差异可达 1 000 倍。例如，溴氰菊酯对鱼的半致死浓度约 1 μg/L。由于拟除虫菊酯具有疏水性，因此很容易被鱼鳃吸收；同时，拟除虫菊酯是一类亲脂性很强的化合物，即使在水中浓度很低，也能被鱼鳞强烈吸收。此外，由于鱼体内缺乏水解菊酯类物质的酶，拟除虫菊酯类农药在鱼体内的代谢主要依赖氧化作用，这进一步加剧了其对鱼类的毒性作用。

另外，天然除虫菊酯的产量远远不能满足害虫防治的需要，因此人工合成的拟除虫菊酯在农业生产中发挥了重要作用。然而，这也带来了环境污染和食品安全问题。为此，国际食品法典委员会（Codex Alimentarius Commission，CAC）对拟除虫菊酯类农药在农产品中的残留量制定了严格的限量标准。

杨立荣等采用超临界流体萃取技术，并通过正交试验设计，研究了小白菜中残留高效氯氰菊酯和氟氯氰菊酯的同时萃取的条件。结果表明，高效氯氰菊酯和氟氯氰菊酯的超临界流体萃取优化条件分别如下：萃取压力为 28 MPa，萃取温度为 65 ℃，CO_2 体积为 10 mL，萃取率可达到 99.96%；萃取压力为 41 MPa，萃取温度为 45 ℃，CO_2 体积为 30 mL，萃取率可达到 101.95%。整个萃取过程速度快、效率高、选择性强，且有机溶剂用量少、萃取及气相色谱检测可在 1 h 内完成。该方法可作为小白菜中残留高效氯氰菊酯和氟氯氰菊酯萃取的有效手段。

第5章　超临界 CO_2 流体萃取技术与其他技术联用

超临界 CO_2 流体萃取是一种广泛应用于天然产物提取的绿色技术，具有环保、高效、无污染等特点。然而，单一的技术往往存在一定的局限性，无法应对复杂的提取任务。因此，将超临界 CO_2 流体萃取技术与其他技术相结合，已成为当前研究的热点与趋势。

超临界 CO_2 流体萃取技术可以与多种萃取技术联用。例如，与微波辅助萃取技术联用，微波辅助萃取技术能够提高萃取温度，加快物质分子的运动，从而提高提取率。同样，超临界 CO_2 流体萃取技术与超声波辅助萃取技术的联用也是一大亮点。超声波辅助萃取技术能够产生高频振动，促进物质分子的扩散和传递，从而提高提取率。

超临界 CO_2 流体萃取技术也可以与其他分离技术联用。例如，将超临界 CO_2 流体萃取技术与色谱技术联用，能够应用色谱技术对萃取后的样品进行分离纯化，这极大地提高了目标成分的纯度。将超临界 CO_2 流体萃取技术与质谱技术联用，则能够利用质谱技术提供样品分子量、化学结构等信息，对目标成分进行定性分析，进一步明确其化学组成。

超临界 CO_2 流体萃取技术与其他技术联用的优势在于能够实现优势互补，拓宽提取范围，提高提取率，增强分离效果，同时保持其环保、无污染的特点。这一优势极大地推动了超临界 CO_2 流体萃取技术的发展，并取得了一些有意义的成果。然而，要成功实现超临界 CO_2 流体萃取技术与其他技术的联用，不仅需要研究超临界流体的萃取条件、相平衡、热力学特性等关键因素，还需要熟悉其他装置的性能、技术条件，以及了解待处理样品的理化特性。只有这样，才能设计出一套高效、适用的联用工艺流程。

5.1　超声波辅助超临界 CO_2 流体萃取

5.1.1　超声波辅助萃取原理

超声波萃取，亦称超声波辅助萃取或超声波提取。该技术利用超声波辐射产生的强烈空化作用、扰动效应、高加速度、击碎及搅拌等多重效应，增大物质分子的运动频率和速度，并增强溶剂的穿透力，从而加速目标成分进入溶剂，促进提取的进行。超声波空化作用的工作原理是纯机械处理，类似于高剪切混合器，超声波发生器仅在过程介质中产生机械剪切力。超声波辅助萃取本身是一种非热、无化学物质的提取技术。超声波能量通过高频率机械振动波在弹性介质中传播，加速介质质点运动频率，进而引起提取液分子高频运动，利用超声波能量加速被提取物与提取溶剂的分离。此外，超声波的空化作用相当于微观爆破，不断将被提取物从原料中轰击出来，实现充分分离，加速浸取速率，以达到高效提取的目的。

超声波辅助萃取的原理主要包括以下几点：

1. 空化效应

当超声波通过液体时，液体各处的声压会发生周期性的变化，液体中的微泡核也会随超声频率发生周期性的振荡。微泡破裂和空穴瞬间闭合时，内部气体和蒸汽会快速绝热压缩，产生极高的温度和压力，导致游离基和其他组分的形成。

2. 机械效应

超声波在介质中的传播可以使介质质点在其传播空间内产生振动，从而强化介质的扩散、传播。超声波在传播过程中会产生一种辐射压强，沿声波方向传播，对物料有很强的破坏作用，可使细胞组织变形，植物组织蛋白变性，还可以给予介质和悬浮体以不同加速度，且介质分子的运动速度远大于悬浮体分子的运动速度，从而在两者间产生摩擦，这种摩擦力不仅可以使生物分子解聚，还可以使细胞壁上的有效成分更快溶解于溶剂。

3. 热效应

超声波在介质的传播中，其能量不断被介质的质点吸收，介质将所吸收的能量全部或大部分转变成热能，从而导致介质本身和药材组织温度的升高，增加药物有效成分的溶解速度。由于这种能量引起的药物组织内部温度的升高是瞬间的，因此可以使被提取成分的生物活性保持不变。

此外，超声波还能产生许多次级效应，如乳化、扩散、击碎及化学效应等，这些作用可以促进植物体中有效成分的溶解，促使药物有效成分进入介质，并与介质充分混合，加快提取过程的进行，提高药物有效成分的提取率。

超声波独具的物理特性能促使植物细胞组织破壁或变形，使中药有效成分提取更为充分，提取率较传统工艺显著提升，最高可达 500%。超声波强化中药提取通常在 24～40 min 即可达到最佳提取率，提取时间较传统方法可缩短$\frac{2}{3}$以上，且药材原材料处理量大。超声波提取中药材的最佳温度为 40～60 ℃，对于热不稳定、易水解或氧化的药材中有效成分具有保护作用，同时能显著降低能耗。该技术不受成分极性、分子量大小的限制，适用于绝大多数中药材和各类成分的提取；提取药液杂质少，有效成分易于分离、纯化；提取工艺运行成本低，综合经济效益显著；且操作简单易行，设备维护、保养方便。

5.1.2 超声波辅助超临界 CO_2 流体萃取的应用

1. 中药有效成分的提取

目前已经开发出多种提取技术来从植物底物中获取黄酮类化合物。传统提取技术，如索氏提取和热回流提取，由于耗时较长且对黄酮类化合物的选择性相对较低，因此效率低下。此外，这些技术还存在温度过高、对有机溶剂的需求量大及能耗过高等缺点。黄酮类化合物在提取过程中可能会因电离、氧化和水解而分解。相比之下，超临界流体萃取作为一种清洁、高效的提取技术，展现出了更好的重现性和选择性。另外，超临界流体萃取的操作条件更温和，提取物中的有机溶剂残留量更少，且提取时间更短。然而，超临界流体萃取需要封闭的高压环境，这就导致设备运行成本高且传质动力学缓慢。

超声波辅助萃取技术可以提高提取率。在液体介质中，超声波能够产生空化气泡、剪切力、机械搅拌和热效应。这些现象可以促使植物细胞壁破裂，提升物质传递效率，使溶剂能够渗透到植物组织内部，并有效释放细胞内物质。这些特性有利于在较短的时间内获得更高的产量。

Liu 等优化了超声波辅助超临界 CO_2 流体萃取技术提取总黄酮的方法。研究结果显示，在萃取压力为25 MPa、萃取温度为46 ℃，以及超声波能量密度为0.34 W/mL的条件下，总黄酮含量达到最大值，最大值比传统超临界 CO_2 流体萃取高18%。

罗登林等探讨了超声波对超临界 CO_2 流体萃取的影响，并评估了在不同萃取温度、萃取压力、萃取时间和流体流量的条件下，有无超声波辅助时超临界 CO_2 流体萃取人参皂苷的萃取率。研究发现，与单纯的超临界 CO_2 流体萃取相比，超声波辅助超临界流体萃取能够显著缩短萃取时间，降低萃取温度，提高萃取产物的得率，同时降低生产能耗，节约生产成本。

李卫民等探究了超声波对超临界流体萃取的强化作用。他们以大黄的超临界流体萃取的稳定工艺参数为参照，以总蒽醌含量和提取率为参考指标，对比了超声波、超临界及超声强化超临界流体萃取的效果。研究结果表明，超声强化超临界流体萃取大黄总蒽醌的含量及提取率均明显高于单独的超声波和超临界流体萃取。

邓杏好等对超声强化超临界 CO_2 流体萃取肉桂中桂皮醛成分的工艺条件进行了研究。他们采用超声波辅助超临界 CO_2 流体萃取法，以萃取温度、萃取压力、萃取时间和超声功率为变量，以桂皮醛为指标成分，通过正交试验对萃取方法进行了优化。最终确定超临界流体萃取的最佳工艺条件如下：萃取温度为45 ℃，萃取压力为35 MPa，萃取时间为2 h，超声功率为2 kW，在此条件下桂皮醛的平均提取率为18.76 mg/g。

2. 天然植物油脂的提取

天然植物油脂的主要成分为脂肪酸的甘油三酯。脂肪酸主要有油酸、亚油酸、亚麻酸、棕榈酸、蓖麻酸等。传统的提取方法主要采用压榨法或溶剂提取法，但前者出油率较低，后者存在局限性，如产品中可能残留有机溶剂、能耗高，以及存在潜在的脂质氧化问题。超临界 CO_2 流体萃取则是一种绿色、高效的提取技术，可用于天然植物油的提取。此外，超临界 CO_2 流体萃取还可以与其他技术相结合，以提高产量。超声波便是强化高压萃取过程的一种可行且清洁、高效的辅助手段。

Liu 等采用超声波辅助超临界 CO_2 流体萃取技术提取了黄秋英籽油，发现引入超声波可以提高油的产量和特性。研究表明最佳工艺条件如下：萃取压力为 25 MPa，萃取温度为 55 ℃，CO_2 流量为 0.5 g/min，超声波能量密度为 0.2 W/mL，此时产率为（193.1±4.4）mg/g。相比单一超临界 CO_2 流体萃取，超声波辅助的超临界 CO_2 流体萃取在提高产率的同时，可以降低萃取压力，缩短萃取时间，并减少 CO_2 的用量。此外，超声波辅助的超临界 CO_2 流体萃取还可以增强选择性，提高各种营养成分的可提取性，以及增强理化特性、抗氧化活性、氧化稳定性和热稳定性。

丘泰球等以薏苡仁中的薏苡仁油和薏苡仁酯为提取对象，研究了超声强化超临界流体萃取的影响因素及效果。结果显示，超声强化可以降低萃取温度及萃取压力，减少流体流量，缩短萃取时间，放宽对原料粒径的要求，同时有效成分的萃取率也会得到提升。超声强化超临界流体萃取过程，最适宜的萃取温度为 40 ℃，比超临界流体萃取最适宜的萃取温度降低了 5 ℃；最适宜的萃取压力为 20 MPa，比超临界流体萃取最适宜的萃取压力降低了 5 MPa；最佳萃取时间为 3.5 h，比超临界流体萃取最佳的萃取时间缩短了 0.5 h；萃取率提高了 10% 左右。若萃取率相同，流体流量可减少 0.5 L/h，对原料粒径的要求可放宽。

周治国等利用超声波辅助超临界 CO_2 流体萃取技术制备玉米胚芽油，并通过正交试验优化设计确定了最佳工艺参数：超声功率为 400 W，超声温度为 55 ℃，超声时间为 30 min。在此条件下，玉米胚芽油的出油率为 63.4%，较未经超声波辅助处理的样品提高了 27%。这证明了超声波辅助超临界 CO_2 流体萃取技术在高效制备玉米胚芽油方面有优越性。

3. 海产副产品加工

随着海产品产量的逐年增长，海产品加工业近年来发展迅速，但加工过程中产生的废弃物也日益增多。由于综合加工利用技术的缺乏，海产副产品主要被用于生产饲料、肥料等低附加值产品，甚至部分被直接作为废弃物丢弃。这种做法不仅浪费资源，还会造成近岸及沿海环境的污染。因此，在食品领域和药品领域，如何实现海产副产品加工的高附加值、综合利用，日益受到国内外研究者的关注。

超临界 CO_2 流体萃取作为一种绿色技术，在海产副产品加工中，特别是在提取高附加值成分方面，已得到广泛应用。

以凡纳滨对虾为例，它占据了中国对虾养殖市场的主要份额。在加工过程中，大部分对虾原料在被取下虾肉后便失去了进一步的利用价值，虾头、虾壳等副产品除小部分用于加工调味基料、生产饲料和制备甲壳素，大部分作为废弃物直接丢弃，这造成了资源的浪费和环境的污染。凡纳滨对虾的虾头、虾壳和虾尾约占虾总质量的 44%。虾头、虾壳副产品中富含多种营养成分，如蛋白质、甲壳素、类胡萝卜素等，这些营养成分的有效提取和利用对丰富对虾产业具有重要意义。魏帅等以虾头为原料研究了超临界 CO_2 流体萃取压力为 15 MPa ~ 35 MPa、萃取温度为 35 ~ 55 ℃、萃取时间为 30 ~ 150 min 时对虾头中油脂提取率的影响，并采用超声波联合超临界流体萃取技术提取油脂，气相质谱仪测定挥发性风味物质。结果表明，当超临界 CO_2 流体萃取压力为 30 MPa、萃取温度为 35 ℃、萃取时间为 120 min 时，虾头中油脂的提取率为 38.03%。而当联合超声处理（功率为 2.5 kW，频率为 35 kHz，处理时间为 20 min）时，提取率可提高至 52.97% ±0.95%。此外，通过气相质谱检测，他们从虾头油脂中共检测出 22 种挥发性成分，包含烷烃类、醛类、酯类、酸类等。超声波联合超临界流体萃取技术提取方式可为对虾加工副产品的利用提供新技术。

同样，在大鲵产业中也存在类似的问题。大鲵的可食用部分以鲵肉为主，而其体内（尤其是尾部）含有大量的脂肪组织，这些脂肪组织并不适合直接食用，但废弃又会造成经济损失和环境污染。因此，如何开发利用大鲵尾部的脂肪组织，提高其附加值，成为大鲵产业进入深加工阶段急需解决的问题之一。任国艳等以冻干鲵尾脂肪组织为原料，通过单因素试验和响应面法确定了 UASC-CO_2 萃取鲵油的最佳工艺条件，并与超临界 CO_2 流体萃取进行了比较。结果表明，UASC-CO_2 萃取鲵油的最佳工艺条件如下：萃取压力为 36 MPa，萃取温度为 43.5 ℃，萃取时间为 120 min，在此条件下，鲵油的萃取率为 93.66%。而超临界 CO_2 流体萃取鲵油的最佳工艺条件如下：萃取压力为 40 MPa，萃取温度为

43.5 ℃，萃取时间为 120 min，在此条件下，鲵油萃取率为 75.25%。这个结果表明，在相同的萃取温度和萃取时间下，UASC-CO_2 萃取法在较低萃取压力的条件下，能够显著提高鲵油的萃取率。同时，理化性质指标和脂肪酸含量分析显示，两种提取方法所得鲵油的品质并无显著区别。因此，超声波辅助处理方法在保持鲵油品质的同时，可以显著提高鲵油的萃取率。

此外，超声波辅助超临界流体萃取还可应用于烟草脱除烟碱、天然植物精油提取及动物油脂提取等多个领域。相比传统的超临界 CO_2 流体萃取方法，该技术能够在一定程度上缩短萃取时间，降低萃取温度和萃取压力，减少萃取剂的使用量，以及显著提高萃取率。

5.2 超临界 CO_2 流体萃取与分子蒸馏技术联用

5.2.1 分子蒸馏技术原理

分子蒸馏又称短程蒸馏，是一种以液相中逸出的气相分子依靠气体扩散为主体的分离过程，是在高真空下进行的连续蒸馏过程，具有特殊的传质传热原理。液体混合物在高真空下受热，能量足够的分子在低于沸点的温度下会逸出液面。由于轻分子平均自由程大于重分子平均自由程，且蒸发速度快，在距蒸发面适当位置处设置捕集器，可以不断冷凝捕集轻分子，从而破坏轻分子的动平衡而使混合物中的轻分子不断逸出，重分子因达不到捕集器很快趋于动态平衡，不再从混合液中逸出，从而实现分离。

20 世纪 20 年代就出现了分子蒸馏技术，并被用于分离水银同位素，以及蒸馏高分子量油脂和石油精炼的残渣。20 世纪 30 年代，分子蒸馏技术被应用于鱼肝油中维生素 A 的提取。20 世纪 30—60 年代，分子蒸馏技术迎来了发展的黄金期，并于 60 年代开始实现工业化应用，日本、美国和德国相继设计并制造了分子蒸馏装置。我国直至 20 世纪 60 年代才有研究者开始研究分子蒸馏技术。1986 年，蔡沂春申请了关于 M 型分子蒸馏器的专利。20 世纪 80 年代，我国引进了几套分子蒸馏生产线，主要用于硬脂酸单甘油酯的生产。目前，分子蒸馏技术已在油脂化学工业中得到广泛应用，如用于甘油酯、双甘酯、长链脂肪酸、维生素 E、高碳醇、甾醇等物质的浓缩与制取。

分子蒸馏技术的特点包括蒸馏温度低、真空度高、受热时间短、过程不可逆、无沸腾鼓泡现象、分离程度高，以及无毒、无害、无污染、无残留。此外，分子蒸馏技术可进行多级分子蒸馏，适用于复杂混合物的分离提纯，且产率较高。特别是，分子蒸馏技术对于分子平均自由程相差较大的混合物分离效果尤为显著，并且能与超临界流体萃取技术配套使用。

SFE-MD（超临界流体萃取-分子蒸馏）首先利用超临界流体萃取技术从原料中提取有效成分，然后通过分子蒸馏技术对这些萃取物进行分离浓缩，最终获得馏出物和残留物。该技术的优势在于：①操作温度相对较低，能够有效保护热敏性物质；②两者都是物理分离过程，无溶剂残留，操作过程绿色环保，产品质量高；③能制备出其他常规分离方法难以完成的高纯度产品；④适用于高附加值产品的加工，符合功能食品的发展趋势。因此，SFE-MD 可用于天然产物分离提纯，如中药有效成分的提取、挥发精油的提取、油脂提纯，以及香料和烟草成分的提取等。

5.2.2　超临界 CO_2 流体萃取与分子蒸馏联用技术的应用

1. 天然植物精油提取

超临界流体萃取是一种新型的萃取技术，具有萃取效率高、无溶剂残留、操作条件温和等优点，可以有效保持天然活性物质的特性，被称为“绿色萃取技术”。目前，超临界 CO_2 流体萃取技术已在植物活性物质萃取方面得到了广泛应用。生姜精油常用的提取方法有水蒸气蒸馏法、溶剂浸提法及超临界流体萃取等。然而，水蒸气蒸馏法、溶剂浸提法等传统方法存在操作温度高、提取率低、易发生热敏成分副反应及溶剂残留等问题，从而限制了其广泛应用。超临界 CO_2 流体萃取的生姜精油成分复杂，不仅含有挥发性的精油，还含有非挥发性的姜辣素等物质，需要对其进行进一步分离纯化。结合现代仪器分析技术，开发节能高效、绿色环保的萃取分离技术对生姜精油产品的开发和应用具有重要意义。分子蒸馏利用不同物质分子平均自由程及挥发性的差别实现高效分离。该技术在高真空、远低于沸点的条件下进行，物料受热时间短，分离效果好，特别适用于浓缩、纯化或分离分子质量高、沸点高、黏度高的物质及热稳定性差的有机混合物，是最温和的蒸馏方法。由于生姜精油中主要的挥发性成分（如萜烯类）多为热敏性化合物，易受光、热等因素影响而发生氧化或降解，采用超临界 CO_2 流体萃取技术联合分子蒸馏技术能较好地保持生姜精油挥发性成分的稳定性，提升精油品质。

为了研究超临界流体萃取结合分子蒸馏纯化生姜精油的最佳工艺参数，并鉴定其挥发性成分，郭家刚等以舒城黄姜为原料，通过单因素试验和正交试验优化了使用超临界流体萃取法萃取生姜精油的最佳工艺条件，并研究了分子蒸馏温度对分离纯化生姜精油效果的影响，同时利用 GC-MS 技术对生姜精油的挥发性成分进行了分析。结果显示，最佳工艺条件如下：萃取压力为 24 MPa，萃取温度为 45 ℃，萃取时间为 2 h，分子蒸馏温度为 80 ℃。在此条件下，生姜精油的综合得率为 2.53%，显著高于水蒸气蒸馏法的 0.96%（$P<0.05$）。挥发性成分分析显示，α-姜烯、β-倍半水芹烯、β-红没药烯是生姜精油的主要挥发性成分，占比超过 70%，其中 α-姜烯含量为 42.13%，高于水蒸气蒸馏法的 40.59%。该方法绿色环保，萃取率高且精油品质好，为生姜精油的进一步研究提供了参考。

于泓鹏等采用超临界 CO_2 流体萃取技术提取丁香精油，最佳工艺条件如下：萃取温度为 45 ℃，萃取压力为 12 MPa，解析温度为 50 ℃，得油率为 21.04%，经分子蒸馏技术精制后，尽管精油得率降为 19.18%，但丁香酚含量有所提高，精油色泽和流动性得到明显改善，品质显著提高。与传统精油提取方法相比，采用 SFE-MD 技术萃取的丁香精油中丁香酚含量降低，但得油率远高于水蒸气蒸馏法和有机溶剂回流法，而且萃取时间短，色素和树脂含量低，是提取丁香精油值得推广且十分有前景的一种方法。

李力群等先采用超临界 CO_2 流体萃取技术提取云产玫瑰油，然后用分子蒸馏技术对所得的萃取物进行精制分离，最终得到高品质的玫瑰油。他们还采用气相色谱-飞行时间质谱（GC-TOFMS）分析并鉴定了应用 SFE-MD 技术提取的玫瑰油成分，通过峰面积归一法计算了各组分的相对含量。结果显示，从超临界 CO_2 萃取和分子蒸馏物中分别分离鉴定出 51 种和 44 种成分，主要香气成分及其相对质量分数如下：香茅醇为 34.34%，橙花醇为 16.68%，香叶醇为 2.32%，芳樟醇为 3.14%。

翁少伟等采用超临界 CO_2 与分子蒸馏技术联用萃取和精制杭白菊精油。整个工艺过程没有添加有害溶剂，无溶剂残留，产品真正实现了绿色、健康的标准。经研究，最佳工艺条件如下：萃取压力为 30 MPa，萃取温度为 70 ℃，使用 50% 的乙醇溶液作为夹带剂，夹带剂添加量为原料重量的 5%。在分子蒸馏方面，一级蒸馏柱温设定为 70 ℃可分离出杭白菊头香部分，二级蒸馏柱温升至 100 ℃可分离出杭白菊精油主体部分，证明分两级进行蒸馏为最佳精制工艺。经超临界 CO_2 流体萃取及分子蒸馏精制后，杭白菊精油的得率为 0.418%，这个得率与水蒸气蒸馏法相当，但稍低于溶剂提取法。然而，从精油的品质来看，无论是外观还是香气，该方法所得的精油均显著优于其他传统方法。研究结果表明，超临界 CO_2 流体萃取与分子蒸馏精制相结合的工艺，可以最大限度地保持原料的有效成分，同时纯物理方法的提取分离也可以使产物最大限度地保持天然性，且完全符合国际对天然食品添加剂的定义。因此，这两种技术的联用在天然产物的提取与分离领域具有广阔的应用前景。

曾琼瑶等研究了超临界流体萃取结合分子蒸馏对苍山冷杉精油得率的影响及成分变化。他们采用单因素结合正交试验优化了超临界流体萃取工艺，并利用分子蒸馏技术对提取的精油进行分离纯化。同时，通过 GC-MS 技术对苍山冷杉松针及所得精油进行了成分分析。结果显示，超临界流体萃取苍山冷杉精油的最佳工艺条件如下：萃取压力为 34 MPa，萃取温度为 45 ℃，CO_2 流量为 20 L/h，萃取时间为 90 min。用分子蒸馏对超临界流体萃取获得的苍山冷杉精油进行分离纯化后，其得率为 1.42%。与水蒸气蒸馏提取相比，超临界流体萃取结合分子蒸馏提取的精油得率提高了 2.16 倍，且纯化后的精油为无色液体。GC-MS 分析结果显示，超临界流体萃取结合分子蒸馏提取的精油与苍山冷杉松针所含主要成分相近，而水蒸气蒸馏所得精油的组分则与苍山冷杉松针的主要组分存在较大差异。

2. 烟草天然香料提取

烟叶碎片是在烟叶的复烤、制丝等加工过程中产生的，其中含有大马酮、茄酮、香叶基丙酮、金合欢基丙酮、西柏三烯二醇等重要致香成分，这些成分是烤烟香味的主要来源。近年来，随着国家对烟草行业增香减害工作的大力推进，如何有效提取并应用具有烟草本香的香精香料成为研究的热点。

超临界流体萃取技术利用超临界状态流体对溶质具有特殊溶解能力的特性，发展成为一种环保、高效的提取分离技术。分子蒸馏技术是运用不同物质分子运动自由程的差别来实现物质的分离，能够实现在远低于沸点的条件下操作，是低温下化合物有效分离纯化的重要手段。通过充分利用超临界 CO_2 流体萃取和分子蒸馏技术的功能特点，对烟叶中的香味成分进行提取、分离纯化，进而应用于卷烟生产中，不仅能够显著提升卷烟的香气品质，丰富其香气层次，还能有效改善香气的整体质感。

熊国玺等采用超临界 CO_2 流体萃取和分子蒸馏技术获得了烟叶中的香味成分，并将其应用于卷烟中。他们不仅优化了超临界 CO_2 流体萃取工艺与分子蒸馏技术的分离工艺，还利用 GC-MS 技术进行了香气物质的指纹图谱分析，比较了添加烟草香味成分前后卷烟口感的变化。实验结果表明，经分子蒸馏精制的烟草超临界流体萃取物，在外观状态、香气质量等方面均有大幅度提高；蒸馏组分作为添加剂融入烟丝后，明显改善了卷烟烟气的吸味与口感特征。整个萃取、纯化过程基本上都是在低温下进行的，可以保证产物的原有风味，同时可以为烟用香精香料的生产开辟广阔的前景。

3. 天然产物有效成分提取

姜黄属于姜科植物，其主要有效成分姜黄素具有抗肿瘤、抗氧化、抗突变、抗诱变、抗人类免疫缺陷病毒、降血脂和抗动脉粥样硬化等作用。此外，姜黄油也具有抑制肿瘤、增强免疫功能等作用。金波等提出了超临界-分子蒸馏联合提取技术，并用于姜黄有效成分的提取。应用该技术不仅可以获得姜黄色素提取物，还可以得到含量较高的姜黄油，以及提升姜黄有效成分的综合利用率，所以在实际生产中展现出较高的实用价值。

泽泻属于泽泻科植物，具有降血脂、保护肝脏、利尿及抗动脉粥样硬化等药理作用。泽泻中的化学成分复杂，包含挥发油（内含糖醛）、生物碱、天门冬素、植物甾醇苷、脂肪酸（如棕榈酸、硬脂酸、油酸、亚油酸）、蛋白质、淀粉、倍半萜类化合物、二萜类化合物、三萜类化合物、尿苷、β-谷甾醇、硬脂酸甘油酯、大黄素、泽泻醇C单醋酸酯和环氧泽泻烯等。其中，23-乙酰泽泻醇B和24-乙酰泽泻醇A的生物活性最高，而且这两种三萜物质的含量已成为评估泽泻药材质量优劣的重要指标。吴永平等采用超临界 CO_2 流体萃取与分子蒸馏联用的技术提取了泽泻中的23-乙酰泽泻醇B，且提取效果理想。此方法具有高效、无污染等优点。如果实现中药提取的产业化，超临界 CO_2 流体萃取与分子蒸馏联用是很有前景的中药有效成分的分离提取方法。

川芎味辛温，具有活血行气、祛风止痛的功效，对头痛、月经不调等症状具有一定的疗效。此外，川芎还能降低因脑缺血引起的血浆和脑脊液中强啡肽A的含量，有效改善脑缺血性损害，并且有助于缓解肺动脉高压。周本杰等研究了SFE-MD联用技术在中药挥发性成分提取、分离与纯化方面的可行性。结果表明，川芎的超临界 CO_2 流体萃取物所含化学成分经分子蒸馏后明显减少，但挥发油中的主要成分如2，3-丁二醇、α-蒎烯、桧烯等经分子蒸馏后相对含量均明显提高，从而验证了SFE-MD联用技术对挥发性成分分离纯化的效果优于单一超临界流体萃取技术。

独活是伞形科独活属多年生草本植物，其根部具有药用价值，常用于治疗风寒湿痹、腰膝酸痛等症状。鉴于传统水蒸气蒸馏法提取独活挥发油含量低、得率不高（仅为0.2%），古维新等采用GC-MS技术对超临界 CO_2 流体萃取和分子蒸馏技术的萃取物和蒸馏液分别进行分析。结果显示，从超临界 CO_2 流体萃取物和蒸馏物中分别鉴定出了37种和29种成分，且超临界 CO_2 流体萃取和分子蒸馏技术的联合应用显著提高了独活化学成分的得率（达到0.44%）。由于独活挥发油类成分分子量小，亲脂性强，采用超临界 CO_2 流体萃取和分子蒸馏技术易得到，且操作温度较低，受热时间短，可大量保存热不稳定及易氧化成分，故适合于热敏性化学成分的分离。

螺旋藻分布于光照充足、温度适宜的盐碱湖中，最早发现于非洲乍得湖，中国鄂尔多斯盐碱湖也有分布。螺旋藻的蛋白质含量高，并且含有一种特殊色素蛋白——藻蓝蛋白，以及丰富的胡萝卜素和维生素，同时还含有人体必需的大量元素和微量元素。螺旋藻已被广泛应用于医学领域。石勇等采用GC-MS法对螺旋藻的超临界 CO_2 提取物和分子蒸馏物进行了分析。结果显示，超临界 CO_2 流体萃取提取物经分子蒸馏后，其化学成分种类相对减少，但相对含量有所增加，这表明分子蒸馏的条件控制较好，能够获得成分较纯且含量相对较高的有效成分。螺旋藻中的蛋白质、多糖和维生素等多为水溶性物质，而经过超临界 CO_2 流体萃取和分子蒸馏后，主要得到的是脂类和生物碱类化学成分，这说明超临界 CO_2 流体萃取和分子蒸馏技术特别适用于脂溶性物质的萃取分离。

4. 天然油脂的提取

蛹油是以蚕茧缫丝后的蛹体为原料制取的油脂。它可用于制造肥皂、蜡烛、甘油、磺化油、环氧油，同时是制取多种饱和脂肪酸和不饱和脂肪酸等工业原料的重要来源。蛹油的主要成分为饱和脂肪酸和不饱和脂肪酸的甘油酯，总量约占83%，其余为游离脂肪酸和微量的蛋白质、磷脂、糖类、色素及烃类物质。其中，不饱和脂肪酸占脂肪酸总量的75%左右，是动物油脂中不饱和脂肪酸含量较高的一种。缫丝蚕蛹是蚕茧加工产业的副产品，蚕蛹中油脂含量相当丰富，干蛹中含31%左右的脂肪，且这些油脂中不饱和脂肪酸含量在70%以上，特别是α-亚麻酸含量超过30%，是非常好的α-亚麻酸生物质来源。夏春雨等采用超临界 CO_2 流体萃取及分子蒸馏技术来萃取和精制缫丝蚕蛹油。研究表明，超临界 CO_2 最佳提取条件如下：投料360 g，萃取温度为45 ℃，萃取压力为25 MPa，萃取时间为3 h。在分子蒸馏方面，经过180 ℃蒸馏后，可得到略带黄色的固体馏分，此时的缫丝蚕蛹油较为澄清，呈浅黄色，并带有蚕蛹的特有香味。

亚麻籽为亚麻科亚麻属的一年生草本植物，原产地为中国，现主要分布于甘肃、新疆、青海等地。《本草纲目》中记载：服食亚麻百日，能除一切痼疾；服食亚麻一年，身面光洁不疾；服食亚麻二年，白发返黑；服食亚麻三年，落齿更生。现代研究还发现，亚麻籽具有改善肾功能和缓解便秘的功效。此外，亚麻籽还可用来榨油，榨油后的废料富含蛋白质，可用作家畜饲料，因此亚麻籽也具有较高的经济价值。亚麻的根茎还是纺织纤维的原材料。亚麻籽内含有大量营养及活性物质，其中重要的有α-亚麻酸（人体必需脂肪酸）、亚油酸（具有抗血栓、降血压、延缓衰老等功效）、木酚素（具有抗肿瘤作用）、亚麻胶（可用作食品添加剂，并可用于治疗疥疮、腮腺炎等）。张运晖采用SFE-MD技术分离纯化了亚麻籽中的亚麻酸，利用超临界 CO_2 流体萃取的亚麻籽油金黄透明，产品纯净。应用刮膜式分子蒸馏设备对亚麻酸进行小试提纯实验，蒸馏温度低，产品不易分解变质，且操作简便，分离效率高，经过四级分子蒸馏，可以将原料中的亚麻酸含量由原来的 67.5% 提高到 82.3%，易于实现产业化生产。

5.3　超临界 CO_2 流体萃取与高效液相色谱联用

5.3.1　SFE-HPLC 联用原理

HPLC 是在经典色谱理论的基础上，结合高压泵、高灵敏检测器等先进技术而建立的一种液相色谱分析技术。这项技术起源于 20 世纪 70 年代初，并迅速发展成为一种重要的色谱分离分析技术。HPLC 能够分析超过 70% 的有机化合物，特别适用于高沸点、大分子、强极性及热稳定性差的化合物的分离与分析。其操作通常在室温和高压环境（15 MPa～35 MPa）下进行。HPLC 具备柱效高、灵敏度高、选择性高，以及分析速度快、应用范围广泛等优点。当 HPLC 技术与超临界流体萃取技术联用时，可以显著优化超临界流体萃取工艺过程，并加强其产品质量的控制。

5.3.2　SFE-HPLC 联用技术的应用

紫草含有高收敛性的单宁酸，可以加速伤口的愈合，并且对骨折、扭伤、肌肉疲劳等有不错的成效。其主要成分包括 β，β′-二甲基丙烯酰紫草素（含量为 1.7%～3.41%），以及紫草素、乙酰紫草素、异丁酰紫草素、异戊酰紫草素、β-羟基异戊酰紫草素、去氧紫草素等多种化合物。《本草纲目》记载，紫草具有凉血、和血，以及解毒、滑肠等功效。现代研究发现，紫草对绒毛膜上皮癌有抑制作用，并且对金黄色葡萄球菌、大肠杆菌、伤寒杆菌、痢疾杆菌和绿脓杆菌有抑制作用。在中医领域，紫草被广泛用于治疗多种疾病，如预防及治疗麻疹，促进肉芽生长，治疗火伤、冻伤、湿疹、肿疡、阴痒、血痢、淋浊、丹毒、湿热黄疸、尿血等。

沈洁等建立了 HPLC-PAD 法，用于检测紫草中紫草素、乙酰紫草素、β-乙酰氧基异戊酰阿卡宁、异丁酰紫草素、β，β′-二甲基丙烯酰紫草素、2-甲基正丁酰基紫草素等有效成分的含量。他们以紫草油中有效成分的含量为评价指标，优化紫草超临界流体萃取的工艺条件，包括萃取压力、萃取温度和 CO_2 流量，并确定了最佳工艺流程，从而保证紫草油中有效成分的稳定性和质量的可靠性，实现安全、有效用药。优化后的工艺条件不仅可以满足紫草油制备的需求，还符合实际生产的要求。

芹菜中的黄酮类化合物已经被提取出来应用于保健食品、医疗健康等领域，且被证明具有抗氧化、保护肝脏、抗糖尿病等功能。其中，芹菜素是芹菜中最主要的黄酮类化合物。芹菜素是一种三羟基黄酮，黄酮在 4′，5 和 7 位被羟基取代，具有显著的生物活性和药理作用。它在白血病细胞中诱导自噬，并具有代谢调节和抗肿瘤的作用。芹菜素主要以黄色素的形式存在于植物体内，是黄酮类化合物中药性和生物活性最强的化合物之一，具有抗癌、抗氧化、抗炎、抗过敏、抗抑郁、保肝、抗血栓形成和抗衰老等多种功效。

王高敏等使用 CO_2 配以 95% 和 99% 浓度的乙醇作为辅溶剂，对芹菜中的芹菜素进行超临界流体萃取，并通过 HPLC 对其含量进行测定。他们发现，在整个萃取过程中，前 120 min 的萃取率最高，约有 90% 的芹菜素被萃取出来，这对工业生产具有重要意义。当萃取时间持续到 150 min 时，芹菜素基本被完全萃取。

5.4　超临界 CO_2 流体萃取-色谱-质谱联用

5.4.1　色谱质谱联用原理

色谱是一种快速、高效的分离技术，但不能对分离出的每种组分进行鉴定。质谱则是一种重要的定性鉴定和结构分析方法，具有高灵敏度和高效的定性分析能力，但没有分离能力，不能直接分析混合物。色谱质谱联用技术，将二者结合起来，将质谱仪作为色谱仪的检测器，从而发挥两者各自的优点，即色谱的高分辨率和质谱的高灵敏度。这种技术是生物样品中药物与代谢物定性定量的有效工具。

质谱是一种通过电离化学物质并根据其质荷比（质量电荷比）进行排序的

分析技术。简单来说，质谱测量的是样品中分子的质量。质谱法广泛应用于多个领域，用于纯样品和复杂混合物的分析。色谱质谱的在线联用是将色谱的分离能力与质谱的定性功能结合起来，实现对复杂混合物更准确的定量和定性分析，而且可以简化样品的前处理过程，使样品分析更简单。

色谱质谱联用技术包括 GC-MS 和 LC-MS（Liquid Chromatograph Mass Spectrometer，液相色谱-质谱联用）两种，它们各自具有独特优势且互为补充。GC-MS 是最早商品化的联用仪器，适宜分析小分子、易挥发、热稳定、能气化的化合物。LC-MS 主要解决以下问题：第一，不挥发性化合物的分析与测定；第二，极性化合物的分析与测定；第三，热不稳定性化合物的分析与测定；第四，蛋白质、多肽等大分子量化合物的分析与测定。此外，LC-MS 还具备分析范围广、分离能力强、定性分析结果可靠、检测限低、分析时间短及自动化程度高等优点。

5.4.2　超临界 CO_2 流体萃取-液/质联用的应用

对羟基苯甲酸酯类防腐剂由于有毒性低、杀菌谱广、生物可降解性和成本低的特性，在化妆品工业中得到了广泛使用。适量添加防腐剂可有效防止细菌滋生和活性物质氧化，从而延长产品的保质期。但添加过量的防腐剂会对人体健康产生危害。罗悦等研究了将超临界流体萃取与 HPLC-MS 技术相结合，建立化妆品中对羟基苯甲酸甲酯（MP）、对羟基苯甲酸乙酯（EP）、对羟基苯甲酸丙酯（PP）、对羟基苯甲酸正丁酯（BP）这四种对羟基苯甲酸酯类防腐剂的高效、灵敏的测定方法。

当前常见的精神药物包括甲基苯丙胺（冰毒）、海洛因、氯胺酮（K 粉）、可待因、可卡因等。生物检材中常见精神药物的检测结果通常作为公安和司法部门执法的重要依据。与血液、尿液等其他生物检材相比，毛发具有易获取、易保存、目标物稳定、检测时限长等优点。因此，毛发中精神药物的检测引起了各国科学家的广泛关注，并发展了多种毛发样品的前处理和检测方法。徐代化等建立了一种超临界 CO_2 流体萃取结合高效液相色谱-串联质谱的方法，用于毛发中 11 种常见精神药物的定性和定量检测。该方法可在 7 min 内实现 11 种待测物的良好分离，且其精密度、线性关系和灵敏度等指标均满足人体毛发中常见精神药物的分析要求。这项技术的开发为公安和司法等相关部门提供了强有力的技术支持，有助于更有效地打击精神药物滥用行为。

5.4.3 超临界 CO_2 流体萃取-气/质联用的应用

随着台式小型仪器的迅速增长，GC-MS 技术在色谱研究中已经成为重要的手段。尽管其应用范围没有液相色谱广泛，但 GC-MS 技术结合了气相色谱和质谱的优点，弥补了各自的缺陷。该技术具有灵敏度高、分析速度快、鉴别能力强等特点，能够同时完成待测组分的分离和鉴定，特别适用于多组分混合物中未知组分的定性定量分析、化合物的分子结构判别，以及化合物分子量的测定。气相色谱-质谱联用仪能将一切可气化的混合物有效地分离并准确地定性、定量其组分，因此在许多领域都得到了广泛应用。

柠檬草因具有柠檬香气而得名。作为一种草本香料，其精油可从茎叶中提取。研究表明，柠檬草具有抗菌、镇痛、平喘、免疫调节及抑制肿瘤等作用。王聪收集了 4 个产地的 12 个柠檬草样品，并采用 SFE-GC/MS 法在优化后的萃取条件下，测得柠檬草萃取物的色谱图。他还通过质谱分析对比了 NIST 08 谱库，并结合相关文献对萃取物中的化学成分做了鉴定。他对柠檬草化学成分按照醛类、酯类、醇类、烯类及其他类别进行归类，还计算了各类成分的峰面积百分含量，并结合主成分分析（Principal Component Analysis，PCA）方法建立了判别模型，对 4 个产地的 12 个柠檬草样品进行产地溯源研究。

柴胡为常用中药，具有和解表里、疏肝开郁的功效，被誉为“肝胆圣药”。柴胡属植物含柴胡皂苷、挥发油、黄酮等多种成分，其中柴胡皂苷和挥发油是其主要的药效成分。马潇等采用超临界 CO_2 流体萃取法对银州柴胡进行了提取，并利用 GC-MS 技术对提取物中的挥发性成分进行分离与分析，同时计算了各成分的相对百分含量。他们还从银州柴胡中共分离鉴定出 25 种化合物，这些化合物占挥发油总量的 52.2%。他们的研究不仅有助于我们了解了银州柴胡的化学成分，还为该药材的进一步开发利用提供了科学依据。

5.5　超临界 CO_2 流体萃取-超临界流体色谱-质谱联用

5.5.1　超临界流体色谱技术原理

超临界流体色谱法，是以超临界流体作为流动相，以固体吸附剂（如硅胶）或键合在载体上的有机高分子聚合物作为固定相的色谱技术。除流动相体系用超临界 CO_2，色谱过程与 HPLC 相似。超临界流体色谱是 20 世纪 80 年代发展起来的一种新型的色谱技术。由于超临界流体兼具气态的高扩散性和液态的高溶解性，能够分离和分析气相色谱和液相色谱不能解决的一些对象，因此其应用广泛且发展迅速。

超临界流体色谱对极性大物质、沸点高物质、不挥发试样、大分子物质、热不稳定性化合物、高聚物等可以实现有效分离。它不仅能够弥补气相色谱在高沸点、低挥发性样品分析方面的不足，还能实现比 HPLC 更高的柱效率和更快的分析速度，具有良好的应用前景。超临界流体色谱作为超临界流体技术发展的一个重要分支，在色谱领域得到了迅速发展。目前，无论是分析型还是制备型的超临界流体色谱，都已有商品化的仪器设备，这极大地促进了其推广应用。一些大型制药公司，已经开始使用超临界流体色谱进行药物的研究工作。

虽然超临界流体色谱不能完全替代 HPLC 和 GC，但是它作为两者的重要补充技术，有效弥补了它们在分析方面的不足。随着仪器设备和色谱柱技术的不断进步，以及人们对可持续发展的关注，越来越多的研究者开始认识到超临界流体色谱的优势。超临界流体萃取与超临界流体色谱及质谱的联用技术，以简单、快速、准确、安全及灵敏度较高的特点，在多个领域得到了应用。

5.5.2　SFE-SFC-MS 联用的应用

随着社会经济的不断发展，人们的生活水平不断提高，加之“绿色食品”理念深入人心，公众对身体健康和饮食安全的关注度日益增强。在此背景下，一些调节血糖平衡的中成药和保健品变得日益畅销。

近年来，针对降糖药物中非法添加物的检测，液相色谱和质谱联用法虽为主流技术，但其在实际应用中存在诸多问题，如流动相配制过程复杂、样品处理需要使用大量的有机溶剂、实验周期偏长，以及实验人员频繁接触有机溶剂带来的健康问题和环境污染等。针对以上问题，董琨等建立了快速筛查、检测中成药及保健品中五种降糖类化学药的在线超临界 CO_2 流体萃取-超临界流体色谱-串联质谱法。该方法具有操作简单、分析速度快、结果准确等优点，可用于降糖类中成药及保健品中格列吡嗪、格列本脲、格列美脲、格列喹酮、盐酸罗格列酮五种降糖类化学药非法添加成分的快速筛查。相较于传统检测方法，该方法简化了样品预处理步骤，样品只需经过简单处理即可上机检测，简化了提取过程，实验过程快速、环保、灵敏度较高。

孔雀石绿和结晶紫具有高残留及高毒性，可产生致癌、致畸、致突变等副作用，其代谢产物隐性孔雀石绿和隐性结晶紫的毒性甚至强于母体化合物。孔雀石绿和结晶紫的人体暴露途径主要是食用含有孔雀石绿和结晶紫的鱼、虾等水产品。在低浓度下，这些物质就对有孕生物敏感，可致胎儿畸形。在水产品的国际商贸中，孔雀石绿和结晶紫等三苯甲烷类药物是必检项目，且受到极为严格的限制。欧美地区的多个国家已将其列为不得检出的禁用药物。美国食品药品监督管理局不认可其在养殖业中的使用。欧盟法案 2002/675/EC 规定，动物源性食品中孔雀石绿和隐性孔雀石绿的残留总量限制为 2 μg/kg。日本也明确规定在进口水产品中不得检出孔雀石绿残留。我国农业行业标准《无公害食品 渔用药物使用准则》（NY 5071—2002）中也将孔雀石绿列为禁用药物。董琨等采用在线超临界流体萃取-超临界流体色谱-串联质谱法，建立了快速测定水产品中孔雀石绿、结晶紫及其代谢物残留量的分析方法。该方法简化了样品前处理操作，样品只需简单粉碎后加入脱水剂及内标物即可直接上机，整个检测过程仅需 30 min 左右。同时，通过使用分流阀，在孔雀石绿、结晶紫及其代谢物到达质谱仪之前，将部分流动相切换为废液，可以有效防止未经净化的样品进入质谱仪造成污染。与传统的 HPLC 相比，该方法具备绿色环保、试剂成本低、灵敏度高、准确性更好的优势。

参考文献

[1] MIKSOVSKY P, KORNPOINTNER C, PARANDEH Z, et al. Enzyme-assisted supercritical fluid extraction of flavonoids from apple pomace (malus × domestica) [J]. ChemSusChem, 2024, 17 (07): 1-12.

[2] 李淑芬，白鹏. 制药分离技术 [M]. 北京：化学工业出版社，2013.

[3] López-Cruz R, Sandoval-Contreras T, Iñiguez-Moreno M. Plant pigments: classification, extraction, and challenge of their application in the food Industry [J]. Food and Bioprocess Technology, 2023, 16 (12): 2725-2741.

[4] TANG S K, QIN C R, WANG H Q, et al. Study on supercritical extraction of lipids and enrichment of DHA from oil-rich microalgae [J]. Journal of Supercritical Fluids, 2011, 57 (01): 44-49.

[5] COUTO R M, SIMõES P C, REIS A, et al. Supercritical fluid extraction of lipids from the heterotrophic microalga Crypthecodinium cohnii [J]. Engineering in Life Sciences, 2010, 10 (02): 158-164.

[6] Teslić N, Bojanić N, Čolović D, et al. Conventional versus novel extraction techniques for wheat germ oil recovery: multi-response optimization of supercritical fluid extraction [J]. Separation Science and Technology, 2021, 56 (09): 1546-1561.

[7] ÖZCAN M M, ROSA A, DESSI M A, et al. Quality of wheat germ oil obtained by cold pressing and supercritical carbon dioxide extraction [J]. Czech Journal of Food Sciences, 2013, 31 (03): 236-240.

[8] PRADHAN R C, MEDA V, ROUT P K, et al. Supercritical CO_2 extraction of fatty oil from flaxseed and comparison with screw press expression and solvent extraction processes [J]. Journal of Food Engineering, 2010, 98 (04): 393-397.

[9] KAGLIWAL L D, PATIL S C, POL A S, et al. Separation of bioactives from seabuckthorn seeds by supercritical carbon dioxide extraction methodology through solubility parameter approach [J]. Separation and Purification Technology, 2011, 80 (03):

533-540.

[10] 宋美玲. 超临界二氧化碳萃取沙棘籽油的工艺研究［J］. 食品工程，2023（01）：22-24.

[11] 张坤，朱凤岗，柳仁民. 葵花籽油的超临界 CO_2 流体萃取及其 GC/MS 分析研究［J］. 山东农业大学学报（自然科学版），2005（04）：512-516.

[12] 张鑫. 超临界 CO_2 萃取葡萄籽油的工艺研究及装置设计［D］. 银川：宁夏大学，2023.

[13] COELHO J P，FILIPE R M，ROBALO M P，et al. Recovering value from organic waste materials：supercritical fluid extraction of oil from industrial grape seeds［J］. The Journal of Supercritical Fluids，2018（141）：68-77.

[14] 董海洲，万本屹，李宏，等. 超临界 CO_2 流体技术萃取葡萄籽油的研究［J］. 食品与发酵工业，2002，28（03）：35-39.

[15] GAROFALO F S，CAVALLINI N，DESTEFANO R，et al. Optimization of supercritical carbon dioxide extraction of rice bran oil and γ-oryzanol using multi-factorial design of experiment［J］. Waste and Biomass Valorization，2023，14（10）：3327-3337.

[16] NATOLINO A，DA PORTO C. Supercritical carbon dioxide extraction of pomegranate（Punica granatum L.）seed oil：kinetic modelling and solubility evaluation［J］. The Journal of Supercritical Fluids，2019（151）：30-39.

[17] 赵文亚，孙蕾，赵登超，等. 超临界 CO_2 流体萃取石榴籽油工艺条件的研究［J］. 中国油脂，2015，40（07）：12-14.

[18] JIAO Z，RUAN N J，WANG W F，et al. Supercritical carbon dioxide co-extraction of perilla seeds and perilla leaves：experiments and optimization［J］. Separation Science and Technology（Philadelphia），2021，56（03）：617-630.

[19] 李玉邯，陈宇飞，杨柳，等. 超声辅助超临界二氧化碳萃取紫苏籽油的工艺研究［J］. 粮食与油脂，2016，29（12）：45-47.

[20] 吴浩. 超临界 CO_2 流体萃取毛竹叶中叶绿素的实验研究［D］. 北京：北京化工大学，2007.

[21] Maëlle D，Milad A，André G，et al. Optimization of supercritical carbon dioxide extraction of lutein and chlorophyll from spinach by-products using response surface methodology［J］. LWT，2018（93）：79-87.

[22] 蔡晓湛. 超临界 CO_2 流体从胡萝卜中萃取 β-胡萝卜素及其特性研究［D］. 呼和浩特：内蒙古农业大学，2006.

[23] CHOUDHARI S M，SINGHAL R S. Supercritical carbon dioxide extraction of lycopene

from mated cultures of blakeslea trispora NRRL 2895 and 2896 [J] . Journal of Food Engineering, 2008, 89 (03): 349-354.

[24] PEREIRA P, CEBOLA M-J, OLIVEIRA M C, et al. Supercritical fluid extraction vs conventional extraction of myrtle leaves and berries: comparison of antioxidant activity and identification of bioactive compounds [J] . Journal of Supercritical Fluids, 2016 (113): 1-9.

[25] IDHAM Z, PUTRA N R, AZIZ A, et al. Improvement of extraction and stability of anthocyanins, the natural red pigment from roselle calyces using supercritical carbon dioxide extraction [J] . Journal of CO_2 Utilization, 2022 (56): 1121-1145.

[26] 罗海，李玉锋，刘瑶. 超临界 CO_2 流体萃取法提取姜黄素的研究 [J] . 现代食品科技，2010，26 (04): 400-401.

[27] 罗红霞，方清茂，潘晓鸥. 姜黄素的提取及其含量测定研究进展 [J] . 中国药业，2004 (06): 74-75.

[28] Sérgio C K, KLEIN E J, DA SILVA E A, et al. Mathematical modeling of supercritical CO_2 extraction of hops (Humulus lupulus L.) [J] . Journal of Supercritical Fluids, 2017 (130): 347-356.

[29] VAN OPSTAELE F, GOIRIS K, DE ROUCK G, et al. Production of novel varietal hop aromas by supercritical fluid extraction of hop pellets. Part 1: Preparation of single variety total hop essential oils and polar hop essences [J] . Cerevisia, 2013, 37 (04): 97-108.

[30] LLGAZ T, SAT I G, POLAT A. Effects of processing parameters on the caffeine extraction yield during decaffeination of black tea using pilot-scale supercritical carbon dioxide extraction technique [J] . Journal of Food Science and Technology, 2018, 55 (04): 1407-1415.

[31] PARK H S, IM N G, KIM K H. Extraction behaviors of caffeine and chlorophylls in supercritical decaffeination of green tea leaves [J] . LWT, 2012, 45 (01): 73-78.

[32] XIAO J, TIAN B, YANG E, et al. Supercritical fluid extraction and identification of isoquinoline alkaloids from leaves of Nelumbo nucifera Gaertn [J] . European Food Research and Technology, 2010, 231 (03): 407-414.

[33] 李新社，王志兴. 溶剂提取和超临界流体萃取百合中的秋水仙碱 [J] . 中南大学学报（自然科学版），2004 (02): 244-248.

[34] ELLINGTON E, BASTIDA J, VILADOMAT F, et al. Supercritical carbon dioxide extraction of colchicine and related alkal-oids from seeds of Colchicum autumnale L

[J]. Phytochemical Analysis, 2003, 14 (03): 164-169.
[35] Rosas-Quina Y E, Mejía-Nova F C. Supercritical fluid extraction with cosolvent of alkaloids from Lupinus mutabilis Sweet and comparison with conventional method [J]. Journal of Food Process Engineering, 2021, 44 (04): 194-202.
[36] LING J Y, ZHANG G Y, CUI Z J, et al. Supercritical fluid extraction of quinolizidine alkaloids from Sophora flavescens Ait. and purification by high-speed counter-current chromatography [J]. Journal of Chromatography A, 2007, 1145 (1-2): 123-127.
[37] 张春江，陶海腾，吕飞杰，等．超临界 CO_2 流体萃取槟榔中的槟榔碱 [J]. 农业工程学报，2008，24 (06)：250-253.
[38] 刘文，李建银，邱德文．超临界流体萃取吴茱萸中吴茱萸碱和吴茱萸次碱 [J]. 中国医院药学杂志，2003 (08)：478-480.
[39] 梁宝钻，李菁，梁卫萍，等．亚东乌头总生物碱的超临界 CO_2 萃取及含量测定 [J]. 中药材，2002 (05)：332-333.
[40] VERMA A, HARTONEN K, RIEKKOLA M, et al. Optimisation of supercritical fluid extraction of indole alkaloids from Catharanthus roseus using experimental design methodology - Comparison with other extraction techniques [J]. Phytochemical Analysis, 2008, 19 (01): 52-63.
[41] 顾贵洲，季圣豪，熊南妮，等．超临界 CO_2 流体萃取东北红豆杉中紫杉醇的研究 [J]. 化学工程．2018，46 (12)：1-4.
[42] RUAN X, CUI W X, YANG L, et al. Extraction of total alkaloids, peimine and peiminine from the flower of Fritillaria thunbergii Miq using supercritical carbon dioxide [J]. Journal of CO_2 Utilization, 2017 (18): 283-293.
[43] 徐先祥．超临界流体萃取在皂苷类成分提取中的应用 [J]. 中国药房，2013，24 (03)：273-275.
[44] 黎晶晶，范三微，于瑞莲．超临界流体萃取黄芪活性成分及抗氧化活性分析 [J]. 中药材，2024 (03)：692-696.
[45] BITENCOURT R G, QUEIROGAC L, MONTANARI JUNIOR Í, et al. Fractionated extraction of saponins from Brazilian ginseng by sequential process using supercritical CO_2, ethanol and water [J]. Journal of Supercritical Fluids, 2014 (92): 272-281.
[46] 黄培池．响应面法优化草果挥发油超临界流体萃取工艺及其抗氧化活性研究 [J]. 中国食品添加剂，2022，33 (07)：51-58.

［47］陈丽娜，刘晨，王译晗，等．响应面优化超临界萃取红松松针挥发油的工艺［J］．食品工业，2019，40（12）：46-49.
［48］伍艳婷，傅春燕，刘永辉，等．瓜馥木挥发油化学成分的 GC-MS 分析［J］．中药材，2017，40（02）：364-368.
［49］赵富春，廖双泉，梁志群，等．蛇床子挥发性成分的 GC/MS 分析［J］．质谱学报，2008，29（06）：361-366.
［50］WANG X，WANG Y Q，YUAN J，et al. An efficient new method for extraction，separation and purification of psoralen and isopsoralen from Fructus Psoraleae by supercritical fluid extraction and high-speed counter-current chromatography［J］. Journal of Chromatography A，2004，1055（01）：135-140.
［51］刘红梅，张明贤．白芷中香豆素类成分的超临界流体萃取和 GC-MS 分析［J］．中国中药杂志，2004（03）：241-244.
［52］戴军，徐佐旗，赵婷，等．超临界 CO_2 提取五味子木脂素的工艺研究［J］．食品与药品，2010，12（09）：312-315.
［53］毕金龙，梁正基，张险峰，等．磁力搅拌辅助超临界 CO_2 萃取五味子中的木脂素类化合物［J］．现代食品科技，2021，37（02）：221-230.
［54］梁瑞红，谢明勇，施玉峰．紫草色素超临界萃取与有机溶剂萃取之比较［J］．食品科学，2004（03）：130-132.
［55］沈洁，沈炜，蔡雪，等．紫草油有效成分的高效液相色谱测定法及其在超临界流体萃取制备紫草油中的应用［J］．色谱，2021，39（07）：708-714.
［56］汪泽坤，孙冬冬，郭峰，等．丹参中丹参酮提取工艺优化及活性研究［J］．安徽农业大学学报，2019，46（01）：90-97.
［57］卢智．超临界流体萃取芦荟苷的研究［J］．食品工业，2012，33（01）：33-34.
［58］徐永泰，颜世国，杨镇宇．利用超临界溶液快速膨胀法进行2-乙氧基苯甲酰胺药物微粒制备之研究［C］．第十二届全国超临界流体技术学术及应用研讨会暨第五届海峡两岸超临界流体技术研讨会，中国化工协会，2018.
［59］胡国勤，孙芳星，刘景辉，等．超临界溶液快速膨胀法制备盐酸氟桂利嗪微粒的研究［J］．郑州大学学报（工学版），2019，40（06）：57-61.
［60］Machmudah S，Winardi S，Wahyudiono，et al. Formation of Curcuma xanthorrhiza extract microparticles using supercritical anti solvent precipitation［J］. Materials Today：Proceedings，2022（66）：3129-3134.
［61］AGUIAR G P S，MAGRO C D，OLIVEIRA J V，et al. Poly（hydroxybutyrate-

co-hydroxyvalerate) micronization by solution enhanced dispersion by supercritical fluids technique [J]. Brazilian Journal of Chemical Engineering, 2019, 35 (04): 1275-1282.

[62] FRANCO P, DE MARCO I. Eudragit: a novel carrier for controlled drug delivery in supercritical antisolvent coprecipitation [J]. Polymers, 2020, 12 (01): 234-245.

[63] PENG H H, RUI J Z, GUAN Y X, et al. One-step preparation of doxorubicin hydrochloride and paclitaxel co-loaded chitosan nanoparticles using supercritical carbon dioxide [J]. Journal of Chemical Engineering of Chinese Universities, 2022, 36 (1): 76-84.

[64] LIANG B C, HAO J X, ZHU N, et al. Formulation of nitrendipine/hydroxypropyl-β-cyclodextrin inclusion complex as a drug delivery system to enhance the solubility and bioavailability by supercritical fluid technology [J]. European Polymer Journal, 2023, 187.

[65] 李冬兵，王家炜，杨基础．超临界抗溶剂技术制备对乙酰氨基酚-PEG4000 固体分散体 [J]．中国抗生素杂志，2005 (04)：198-203.

[66] 高丽红．超临界流体萃取拆分手性药物的研究 [D]．上海：中国人民解放军海军军医大学，2002.

[67] 高丽红，赵平，蔡水洪，等．超临界流体萃取拆分手性外消旋伪麻黄碱 [J]．药学学报，2002，37 (12)：959-962.

[68] AL BAYATI M H M, CENGIZ M F, Kitiş Y E, et al. Comparison of antimicrobial activities of oregano, lavender, sage, anise and clove extracts obtained by supercritical fluid carbon dioxide extraction and essential oils obtained by hydrodistillation [J]. Journal of Essential Oil Research, 2024, 36 (3): 258-270.

[69] GILANI F, AMIRIZ R, KENARIR E, et al. Investigation of extraction yield, chemical composition, bioactive compounds, antioxidant and antimicrobial characteristics of citron (Citrus medica L.) peel essential oils produced by hydrodistillation and supercritical carbon dioxide [J]. Journal of Food Measurement and Characterization, 2023, 17 (05): 4332-4344.

[70] Norodin N S M, Salleh L M, Hartati, et al. Supercritical carbon dioxide ($SC-CO_2$) extraction of essential oil from Swietenia mahagoni seeds [J]. Materials Science and Engineering, 2016, 162 (01): 421-437.

[71] 李勇慧，耿惠敏，李双双．四种柑橘类果皮精油成分分析 [J]．现代食品科技，2019，35 (04)：264-272.

[72] 李雪梅，周谨，张晓龙，等．超临界 CO_2 流体萃取与常规提取方法制备芹菜籽精油的比较［J］．精细化工，2004，21（08）：581-585.
[73] 张振华，闫红，葛毅强，等．超临界流体萃取葡萄皮精油的最佳工艺研究［J］．食品科学，2005，26（03）：94-97.
[74] 刘丽芬，李学衫，孔祥勇，等．超临界流体萃取茉莉花净油的分析及在卷烟中的应用［J］．食品工业，2013，34（06）：220-222.
[75] 佘世科，葛少林，徐迎波，等．超临界 CO_2 流体萃取糊毛烟净油成分分析及其对卷烟感官质量的影响研究［J］．香料香精化妆品，2015（03）：17-21.
[76] 李雪梅，杨叶昆，徐若飞，等．利用超临界流体萃取技术制备烟草净油的研究［J］．中国烟草学报，2004（03）：1-6.
[77] Lodi L，Conchao Cárdenas V O，Medina L C，et al. An experimental study of a pilot plant deasphalting process in CO_2 supercritical［J］. Petroleum Science and Technology，2015，33（4）：481-486.
[78] 李春霞，徐泽进，乔曼，等．催化裂化油浆超临界萃取组分热缩聚生成中间相沥青的定量研究［J］．石油学报（石油加工），2015，31（01）：145-152.
[79] 刘春林，凌立成，刘朗，等．大港常压渣油超临界萃取馏分制备中间相沥青的研究［J］．石油学报（石油加工），2002（02）：54-58.
[80] 丁一慧，陈航，王东飞，等．高温煤焦油的超临界萃取分馏研究［J］．燃料化学学报，2010，38（02）：140-143.
[81] 王红，王子军，王翠红，等．加氢渣油超临界流体萃取分离及产物性质研究［J］．石油炼制与化工，2014，45（05）：72-76.
[82] 陈永光，韩照明，葛海龙，等．减压渣油超临界萃取分离与结构研究［J］．当代化工，2012，41（02）：129-132.
[83] 荆国林，霍维晶，崔宝臣．超临界水氧化处理油田含油污泥［J］．西南石油大学学报（自然科学版），2008（01）：116-118.
[84] 张守明，高波．超临界水氧化法处理含油污泥的工艺研究［J］．炼油与化工，2009，20（02）：22-24.
[85] 杨靖，陈芝飞，孙志涛．超临界 CO_2 流体萃取烟叶中烟碱工艺研究［J］．香料香精化妆品，2010（01）：17-18.
[86] 向波涛，王涛，刘军，等．超临界水氧化法处理含硫废水的研究［J］．化工环保，1999，19（02）：75-79.
[87] 孙旭辉，张万友，张晶，等．用超临界 CO_2 萃取技术处理高浓度有机废水［J］．工业水处理，2006，26（12）：53-56.

[88] 刘志峰，张保振，胡张喜．超临界 CO_2 流体回收线路板的试验研究［J］．环境科学与技术，2008（01）：83-86.
[89] 邱运仁，俞晓惠，杜吉华．超临界 CO_2 萃取烟叶中的烟碱［J］．烟草科技，2006（08）：21-24.
[90] 阳元娥，谭伟，李桂锋．超声超临界流体萃取烟叶中的烟碱［J］．烟草科技，2008（09）：48-51.
[91] 陈安良，徐敦明，余向阳，等．超临界流体萃取气相色谱法测定鱼肉中的毒死蜱残留［J］．分析化学，2005（04）：451-454.
[92] 万绍晖，赵春杰，徐玫，等．超临界流体萃取法去除当归中有机氯农药［J］．沈阳药科大学学报，2003（03）：187-190.
[93] 刘瑜，庄无忌，邱月明．苹果中 5 种氨基甲酸酯类农药的超临界流体萃取及其气相色谱法测定［J］．1996，14（06）：457-459.
[94] 杨立荣，陈安良，冯俊涛，等．小白菜中残留高效氯氰菊酯及氟氯氰菊酯的超临界流体萃取条件的研究［J］．农业环境科学学报，2005，24（03）：616-619.
[95] LIU X Y，OU H，ZUO J，et al. Supercritical CO_2 extraction of total flavonoids from Iberis amara assisted by ultrasound［J］. Journal of Supercritical Fluids，2022（184）：1-23.
[96] 罗登林，聂英，钟先锋，等．超声强化超临界 CO_2 萃取人参皂苷的研究［J］．农业工程学报，2007，23（06）：256-258.
[97] 李卫民，王治平，刘杰，等．超声强化超临界流体萃取对大黄总蒽醌提取效果的探究［J］．中国实验方剂学杂志，2010，16（10）：30-32.
[98] 邓杏好，李庆国，梁桂美．超声强化超临界流体萃取桂皮醛的工艺研究［J］．今日药学，2012，22（07）：395-397.
[99] LIU X Y，OU H，GREGERSEN H，et al. Supercritical carbon dioxide extraction of cosmos sulphureus seed oil with ultrasound assistance［J］. Journal of CO_2 Utilization，2023（70）：34-55.
[100] 丘泰球，杨日福，胡爱军，等．超声强化超临界流体萃取薏苡仁油和薏苡仁酯的影响因素及效果［J］．高校化学工程学报，2005，19（01）：30-35.
[101] 周治国，王立东，曹龙奎．超声波辅助超临界 CO_2 萃取玉米胚芽油工艺的优化［J］．农产品加工（下），2014（10）：31-33.
[102] 魏帅，唐崟珺，马嘉亿，等．超临界 CO_2 萃取联合超声处理对凡纳滨对虾虾头油脂提取效果的影响［J］．保鲜与加工，2024，24（01）：15-19.
[103] 任国艳，宋娅，康怀彬，等．超声辅助超临界 CO_2 萃取鮰油工艺优化［J］．

食品科学，2017，38（18）：272-279.
[104] 郭家刚，杨松，伍玉菡，等．超临界萃取结合分子蒸馏纯化生姜精油及其挥发性成分分析［J］．食品与发酵工业，2024，50（03）：224-231.
[105] 于泓鹏，吴克刚，吴彤锐，等．超临界 CO_2 流体萃取-分子蒸馏提取丁香精油的研究［J］．林产化学与工业，2009，29（05）：74-78.
[106] 李力群，乔月梅，纪晓东，等．采用超临界 CO_2 萃取-分子蒸馏技术对云产玫瑰油的提取分离及 GC-TOFMS 分析［J］．香料香精化妆品，2016（05）：17-21.
[107] 翁少伟，陈建华，黄少烈，等．超临界 CO_2 萃取及分子蒸馏技术联用提取分离杭白菊精油［J］．广东化工，2008，4（35）：68-71.
[108] 曾琼瑶，张鹏丽，常仁杰，等．超临界萃取结合分子蒸馏提取苍山冷杉油及其成分分析［J］．中国食品添加剂，2023，34（07）：277-285.
[109] 熊国玺，朱巍，喻世涛，等．超临界 CO_2 萃取与分子蒸馏联用技术在烟草香味成分提取中的应用［J］．湖北农业科学，2010，49（07）：1690-1693.
[110] 金波，姜笑寒，杨承鸿．超临界二氧化碳萃取与分子蒸馏技术联用提取姜黄有效成分的研究［J］．时珍国医国药，2009，20（05）：1109-1110.
[111] 吴永平，徐群杰，苏国强．超临界萃取和分子蒸馏联用提取泽泻中的23-乙酰泽泻醇 B［J］．中成药，2010，32（05）：866-868.
[112] 王高敏，吴越，王霞，等．超临界流体-高效液相色谱法萃取芹菜中芹菜素［J］．青岛科技大学学报（自然科学版），2021，42（05）：24-29.
[113] 周本杰，张忠义，石勇，等．超临界 CO_2 流体萃取与分子蒸馏联用技术提取分离川芎挥发性成分及其 GC/MS 分析［J］．第一军医大学学报，2002（07）：652-653.
[114] 古维新，张忠义，周本杰，等．超临界 CO_2-分子蒸馏对独活化学成分的萃取与分离［J］．广东药学院学报，2002（02）：85-86.
[115] 石勇，古维新，张忠义，等．超临界 CO_2-分子蒸馏对螺旋藻有效成分的萃取与分离［J］．广东药学，2003（01）：10-11.
[116] 夏春雨，孙巍，刘学铭，等．超临界 CO_2 萃取及分子蒸馏技术提取缫丝蚕蛹油［J］．广东蚕业，2008，42（04）：29-32.
[117] 张运晖．SFE-CO_2 与分子蒸馏技术分离纯化亚麻籽油中的 α-亚麻酸［D］．兰州：兰州大学，2013.
[118] 罗悦，汪隽，罗茜，等．超临界流体萃取-液-质联用分析化妆品中的 4 种对羟基苯甲酸酯类防腐剂［J］．中国测试，2023，49（01）：75-80.
[119] 徐代化，欧军，陈深树，等．超临界二氧化碳萃取结合高效液相色谱-串联质

谱法测定毛发中 11 种常见精神药物［J］．分析测试学报，2019，38（08）：979-984.
［120］王聪．柠檬草的 SFE-GC/MS 谱图及其主成分分析［J］．化学研究与应用，2019，31（06）：1130-1135.
［121］马潇，李冬华，赵建邦，等．甘肃产银州柴胡挥发性成分的超临界萃取-气相色谱-质谱联用分析［J］．西部中医药，2013，26（10）：8-9.
［122］董琨，宫晓平，李晓东，等．在线超临界流体萃取-超临界流体色谱-串联质谱法快速筛查降糖类中成药及保健品中非法添加五种化学药的方法［J］．企业科技与发展，2022（07）：56-59.
［123］董琨，宫晓平，李晓东，等．在线超临界流体萃取-超临界流体色谱-串联质谱法快速测定水产品中孔雀石绿、结晶紫及其代谢物［J］．农产品质量与安全，2022（04）：33-37.